药用植物
栽培与加工学

主　编　刘汉珍

副主编　俞　浩　陈　浩　周丽丽
　　　　毛斌斌　方艳夕　辛华夏

北京师范大学出版集团
BEIJING NORMAL UNIVERSITY PUBLISHING GROUP
安徽大学出版社

图书在版编目(CIP)数据

药用植物栽培与加工学/刘汉珍主编. —合肥:安徽大学出版社,2021.12
ISBN 978-7-5664-2287-3

Ⅰ. ①药… Ⅱ. ①刘… Ⅲ. ①药用植物－栽培技术－高等学校－教材②中草
药加工－高等学校－教材 Ⅳ. ①S567②R282.4

中国版本图书馆 CIP 数据核字(2021)第 182735 号

药用植物栽培与加工学

刘汉珍 **主编**

出版发行:	北京师范大学出版集团 安 徽 大 学 出 版 社 (安徽省合肥市肥西路 3 号 邮编 230039) www. bnupg. com. cn www. ahupress. com. cn
印　　刷:	安徽利民印务有限公司
经　　销:	全国新华书店
开　　本:	184 mm×260 mm
印　　张:	11.25
字　　数:	213 千字
版　　次:	2021 年 12 月第 1 版
印　　次:	2021 年 12 月第 1 次印刷
定　　价:	39.00 元

ISBN 978-7-5664-2287-3

策划编辑: 刘中飞　武溪溪		**装帧设计:** 李　军　孟献辉	
责任编辑: 李　健　武溪溪		**美术编辑:** 李　军	
责任校对: 陈玉婷		**责任印制:** 赵明炎	

前　言

　　为顺应我国农业结构的战略性调整，结合新一轮农村规划布局、美丽乡村建设等政策，地方企业大力推广特色中药材种植，在脱贫攻坚中发挥了一定成效。同时，发展中草药种植业在一定程度上还满足了人们对养生、保健的需求。众所周知，药用植物品种繁多，来源广泛，入药部位、栽培及加工方式各不相同，技术性、专业性强，如何选择适宜的品种、如何采收加工等，是困扰中药材种植人员的最大问题。近年来，安徽科技学院中草药种植与加工团队一直致力于与地方企业开展产学研合作，积累了丰富的实践经验，选择一些适合当地的药用植物栽培与加工技术，经过系统总结和梳理，编写出《药用植物栽培与加工学》，以期将相关知识和技术向学生和广大种植户推广宣传。

　　本书分总论和各论两部分。总论分为6章，介绍药用植物栽培与加工学的基本理论与方法。各论按入药部位分为5章，从每种栽培药用植物的来源、功效、产地、形态特征、生长习性、栽培技术（包括选地整地、繁殖方法、田间管理、病虫害防治等）、采收与产地初加工、商品规格等方面，详尽介绍全国大宗常用39种药用植物的栽培生产技术。本书可作为全国农林和中医药高等院校中药、药用植物或相近专业的教材和教学参考书，也可供制药厂、药业公司、药材种植场、加工厂、饮片厂等单位的工作人员阅读。

　　本书的出版得到了安徽科技学院的资助，在此表示感谢。

　　因编写时间仓促，编者水平有限，本书难免存在不足之处，敬请各位读者提出宝贵意见，以便后期完善修改。

编者

2021 年 6 月

目　录

第一篇　总　论

第二篇 各 论

第 1 篇 总 论

药用植物栽培与加工学

YAOYONG ZHIWU ZAIPEI YU JIAGONGXUE

第一章　我国丰富的中药资源

我国幅员辽阔,地跨寒、温、热三带,地形错综复杂,气候条件多种多样,蕴藏着极为丰富的中药资源。许多药材由于天时、地利的生长条件和多年来劳动人民的精心培植,而变得优质而高产,有道地药材之称。四川的黄连、附子,云南的三七,甘肃的当归、大黄,宁夏的枸杞子,内蒙古的黄芪,吉林的人参,山西的党参,河南的地黄、牛膝,山东的北沙参、金银花,江苏的薄荷,安徽的牡丹皮,浙江的玄参、浙贝母,福建的泽泻,广西的蛤蚧,辽宁的细辛、五味子等都是历史悠久、闻名全国的常用道地中药,有些在国际上亦享有盛名。

中药资源绝大部分是天然资源,对中药资源的保护与开发是中药产业可持续发展的必备条件,也是中药鉴定学的长期任务。我们要通过对中药资源蕴藏量的评估,制订实用的珍稀濒危药用植物和动物的保护计划,研究中药资源与生态平衡的关系,建立中药自然保护区,做到计划采收与合理利用,保护中药资源;积极开展野生品种变家种、家养的研究,大力发展中药的栽培和养殖事业,同时加速研究和制订栽培和养殖中药的规范化生产标准(good agricultural practice,GAP),解决中药资源不足的问题;建立中药优良品种的种子库和基因库,寻找优质、高产和易于生产的品种,解决中药产业可持续发展的源头问题;在中药学、生物学、化学和药理学等基本理论指导下,根据药用植物(或动物)的亲缘关系和生物活性成分的生源关系,研制中药的新品种或原料药,开发和扩大中药资源。中药资源的保护必须树立可持续发展的战略思想。

为保护珍稀濒危野生动物,合理利用野生动物资源,国家已经建立了相应的法规和条例,如《中华人民共和国野生动物保护法》《中华人民共和国森林法》《中华人民共和国渔业法》《野生药材资源保护管理条例》等。与中药有关的各个部门和环节必须加强法制观念,认真执行有关政策和条例,逐步建立和完善药用植物、动物自然保护区。目前全国自然保护区已达近千处。《野生药材资源保护管理条例》颁布后,几乎各省、自治区、直辖市都拟定了实施细则,如新疆发布了保护麻黄、甘草的规定;内蒙古、宁夏发布了保护甘草的规定;广西发布了保护龙血树的规定。仅黑龙江、广西两省区就建立了500余种中药材的保护区。另外,建立珍稀濒危药用植物园和动物园,对动植物进行引种驯化,迁地保护,变野生为栽培或驯养。这些都是十分有效的措施。

第一节 中药知识的起源与本草沿革

中药鉴别知识是人类在长期与疾病作斗争的医疗实践中产生和发展起来的，它经历了漫长的发展过程。追溯到远古时代，人们在寻找食物的同时，发现许多具有特殊作用的植物可以用来防治疾病，这些发现的内涵则是鉴定知识的起源。相传在公元前有"神农尝百草之滋味……一日而遇七十余毒"的说法。也就是说，中药鉴定知识是随着中药的发现而产生的，在没有文字的太古时代，这些知识只能依靠师承口授流传后世。有了文字以后，中药鉴定知识逐渐被间接或直接地记录下来，出现了医药书籍。古代记载中药的著作称为本草（herbals），从秦汉时期到清代，本草著作约有400种之多。这些著作是我国人民长期与疾病作斗争的宝贵经验和鉴别中药的丰富知识的总结，是中医药学的宝贵财富，在国际上产生了重大影响。

我国第一部诗歌总集《诗经》中就记载有治病的药物，该书叙述了葛、苓、芍药、蒿、芩等50多种药用植物的采集、性状、产地等知识，已有初步的性状鉴别方法。《淮南子》载有秦皮"以水浸之，正青"的水试鉴别法。《山海经》中有十巫采用百药的记载。《周礼·天官》载有"医师掌医之政令，聚毒药以供医事"，并有草、木、虫、石、谷"五药"的记载。据专家推论，《五十二病方》是迄今为止我国发现的最古的医学方书，其中收载247种中药材、283首中药处方和饼、曲、酒、丸、散等中药剂型。

《神农本草经》是我国已知最早的药物学专著，成书于东汉末年，作者不详，载中药材365种，按医疗作用分为上、中、下三品，其中植物药252种、动物药67种、矿物药46种。从所记载的药名推求，当时已经具备了较为完整的性状鉴别方法，如人参、丹参、木香、苦参等，均与经验鉴别的看法、嗅法、尝法有关。

南北朝时期刘宋时代，雷敩撰写了《雷公炮炙论》，该书对中药质量鉴别方面的内容记载颇多，出现了采用比重法评价中药材质量的实例。如对沉香的质量评价为："沉水者为上，半沉水者次之，不沉水者劣。"药材鉴定单凭文字记述不易详尽，也不易理解。公元5世纪，出现了早期的药图，这在中药鉴定的发展史上是一大进步。

梁代陶弘景以《神农本草经》和《名医别录》为基础编成《本草经集注》（7卷），载药730种，全书以药物的自然属性分类，分为玉石、草木、虫兽、果、菜、米食和有名未用7类。该书对药物的产地、采收、形态、鉴别等有所论述，有的还记载了火烧试验、对光照视的鉴别方法。如硝石"以火烧之藩黛青烟起"，云母"向日视之，色青白多黑"，朱砂以"光色如云可拆者良"等。

　　唐代李勣、苏敬等22人集体编撰《新修本草》，该书又称《唐本草》，载药850种。公元659年，该书由朝廷颁布，是世界上第一部由国家颁行的药典，比欧洲第一部地方性的《佛洛伦斯药典》(1498年)早839年，比欧洲第一部全国性的《丹麦药典》(1772年)早1113年。该书按药材的属性分为11部，增加山楂、芸苔子、人中白等114种新药物，其中不少是外来药物，如由印度传入的豆蔻、丁香等；由波斯传入的茉莉和青黛；由南洋传入的木香、槟榔、没药等。该书采用图文并行的编写方式，有本草20卷、目录2卷、图经7卷、药图25卷，图文并茂，可谓较为完整的中药材图文鉴别方法的专著。该书出版不久即流传到国外，对世界医药的发展作出了重要贡献。

　　唐代陈藏器著成《本草拾遗》，收载了《新修本草》未载的中药692种，该书提出按照药效宣、通、补、泄、轻、重、燥、湿、滑、涩的分类方法，在内容上重视中药的性味功能、生长环境、产地、形态描述、混淆品种考证等。尤其对药材的描述真实可靠，如"海马出南海，形如马，长五六寸，虾类也"。

　　宋代刘翰、马志等撰成《开宝新详定本草》，载药983种。为了加强中药的质量管理和普及中药鉴别知识，1061年，苏颂等校注药种图说，编成《图经本草》，对中药的产地、形态、用途等均有说明。该书首创版印墨线药图，图的绝大多数为实地写生绘制，药图的名称大多冠以州县名，反映了当时十分重视道地药材和药材的质量评价。该书是后世本草图说的范本，但已亡佚，其所载药图930余幅均在其他本草中得以保存。

　　北宋时期蜀医唐慎微编撰了《经史证类备急本草》，简称《证类本草》，该书载药1746种，是研究中药鉴定方法的重要文献，也是现存最早、最完整的本草著作。1116年，寇宗奭根据实地考察和医疗实践经验，著成《本草衍义》(20卷)。该书载药470种，侧重药材的鉴别，提出了药材产地与质量关系的论点，甚为后世推崇。

　　明代李时珍所撰《本草纲目》，载药1892种、药方11096首、药图1109幅。该书自立分类系统，将药材按其来源的自然属性分为16部60类。该书对中药材的性状鉴别记载较为完善，如对樟脑的描述为："状似龙脑，白色如雪，樟脑脂膏也。"《本草纲目》不仅继承了唐、宋时代本草图文并茂的优点，而且把所有的药材鉴定内容归于"集解"项下，使之条理化，并且"集解"项中引录了很多现已失传的古代本草对药物鉴别的记载，为后世留下了宝贵的史料。《本草纲目》的出版，对中外医药学和生物学科都有巨大的影响。17世纪初该书传到国外，曾被翻译成多国文字，畅销世界各地，成为世界性重要药学文献之一。

　　明代的刘文泰等编写了《本草品汇精要》，载药1815种，新增药48种。该书以苗、形、色、味、嗅等项逐条记载了与性状鉴别有关的内容，并附有彩色药图，具备了现代中药性状鉴定法的雏形。陈嘉谟编撰的《本草蒙筌》载药742种，该书对中药材的"生产择土地""收采按时月""贸易别真假"进行了专述,提出药用植物体与其生长环境统一的规律性、不同药用部位采收的一般规律,以及产地与药材质量的关系;对中药市场掺伪作假的现象进行详细调查,指出"枸杞子蜜拌为甜、蜈蚣朱其足"等以劣充优的现象。

清代赵学敏著成《本草纲目拾遗》,载药材 921 种,书中的 716 种中药材是《本草纲目》中未记载的,如冬虫夏草、西洋参、浙贝母等,它是清代新增中药材品种最多的一部本草著作。1848 年,吴其濬编著了《植物名实图考长编》和《植物名实图考》,分别收载植物 838 种和 1714 种。这两部书虽非药物学专著,但其中记载了很多药用植物,对现代植物药的来源鉴定和考证亦有重要的参考价值。

第二节　中药资源概况

中药资源可分为植物药资源、动物药资源和矿物药资源,又可分为天然中药资源、人工栽培的药用植物资源和人工饲养的药用动物资源。药用植物和药用动物合称为生物药资源,属于可更新资源;而药用矿物则称为非生物药资源,属于不可更新资源。栽培的药用植物和养殖的药用动物,以及利用生物技术繁殖的生物个体和产生的有效物质属于人工资源。

据全国第三次中药资源普查表明:我国现有药材达 12807 种,其中植物药 11146 种,占 87%;动物药 1581 种,占 12%;矿物药 80 种,不足 1%。著名的药材如五味子、穿山龙、麻黄、羌活、冬虫夏草等都是采自野生的药用植物;羚羊角、蟾酥、斑蝥、蜈蚣、蝉蜕等都是来自野生的药用动物;石膏、芒硝、自然铜等都是采自天然矿石。在这些资源中,有很多是我国特产药材。

在我国辽阔的疆域内,分布有寒带、温带、亚热带和热带的各种植被类型,生活着各种动物,蕴藏着丰富的矿产资源。根据自然区划,我国的中药材资源划分为东北产区、华北产区、华东产区、西南产区、华南产区、内蒙古产区、西北产区、青藏产区以及海洋产区等 9 个产区。

一、东北产区

东北产区包括黑龙江省大部分、吉林省和辽宁省的东半部及内蒙古自治区的北部。这是我国冬季最寒冷而又最漫长的地区,大部分地区属于寒温带和温带的湿润和半湿润地区,其野生资源蕴藏量大。该地区所产药材常通称为关药,如黄柏 *Phellodendron amurense* Rupr.、北细辛 *Asarum heterotropoides* Fr. Schmidt var. *mandshuricum* (Maxim.) Kitag.、人参 *Panax ginseng* C. A. Mey.、五味子 *Schisandra chinensis* (Turcz.) Baill.、黑熊 *Selenarctos thibetanus* Cuvier 等。

二、华北产区

华北产区包括辽宁省南部、河北省中部及南部、北京市、天津市、山西省中部及南部、山东省、陕西省北部和中部，以及宁夏回族自治区中南部、甘肃省东南部、青海省、河南省、安徽省及江苏省的小部分，是道地药材北药的主产区。主要药材资源有北沙参 *Glehnia littoralis* Fr. Schmidt ex Miq.、知母 *Anemarrhena asphodeloides* Bge.、银柴胡 *Stellaria dichotoma* L. var. *lanceolata* Bge.、黄芩 *Scutellaria baicalensis* Georgi、全蝎 *Buthus martensii* Karsch 等。

三、华东产区

华东产区包括浙江省、江西省、上海市、江苏省中部和南部、安徽省中部和南部、湖北省中部和东部、湖南省中部和东部、福建省中部和北部，以及河南省及广东省的小部分，是我国药材浙药和部分南药的产区。该区分布的天然药材资源有玄参 *Scrophularia ningpoensis* Hemsl.、益母草 *Leonurus heterophyllus* Sweet.、山茱萸 *Cornus officinalis* Sieb. et Zucc.、丹参 *Salvia miltiorrhiza* Bge.、苍术 *Atractylodes lancea*（Thunb.）DC.、葛根 *Pueraria lobata*（Willd.）Ohwi 等。

四、西南产区

西南产区包括贵州省、四川省、云南省的大部分，湖北省、湖南省西部，甘肃省东南部、陕西省南部、广西壮族自治区北部及西藏自治区东部，为道地药材川药、云药和贵药的主产地。除了众多栽培的品种外，尚有许多野生药材，如厚朴 *Magnolia officinalis* Rehd. et Wils.、胡黄连 *Picrorhiza scrophulariiflora* Pennell、七叶一枝花 *Paris polyphylla* Smith. var. *chinensis*（Franch.）Hara、茯苓 *Poria cocos*（Schw.）Wolf、半夏 *Pinellia ternata*（Thunb.）Breit.、朱砂等。

五、华南产区

华南产区包括海南省、台湾省及南海诸岛、福建省东南部、广东省南部、广西壮族自治区南部及云南省西南部。该地区位于我国东南沿海，是道地药材广药的主产地。因地处热带及亚热带的自然环境，有许多特有的天然药材资源，如金毛狗脊 *Cibotium barometz*（L.）J. Sm.、红大戟 *Knoxia valerianoides* Thorel et Pitard、黄精 *Polygonatum kingianum* Coll. et Hemsl.、钩藤 *Uncaria rhynchophylla*（Miq.）Jacks.、千年健 *Homalomena occulta*（Lour.）Schott 等。

六、内蒙古产区

内蒙古产区包括黑龙江省中南部、吉林省西部、辽宁省西北部、河北省及山西省北部、内蒙古自治区中部和东部。该区植物种类较少,但每种植物的分布广、产量大。著名的大宗天然药材有蒙古黄芪 *Astragalus membranaceus* (Fisch.) Bge. var. *mongholicus* (Bge.) Hsiao、甘草 *Glycyrrhiza uralensis* Fisch.、芍药 *Paeonia lactiflora* Pall.、防风 *Saposhnikovia divaricata* (Turcz.) Schischk. 等。

七、西北产区

西北产区包括新疆维吾尔自治区全部、青海省及宁夏回族自治区北部、内蒙古自治区西部以及甘肃省西部和北部。其中在全国占重要地位的天然药材有宁夏枸杞 *Lycium barbarum* L.、锁阳 *Cynomorium songaricum* Rupr.、肉苁蓉 *Cistanche deserticola* Y. C. Ma、草麻黄 *Ephedra sinica* Stapf、新疆紫草 *Arnebia euchroma* (Royle) Johnst.、红花 *Carthamus tinctorius* L. 等。

八、青藏产区

青藏产区包括西藏自治区大部分、青海省南部、四川省西北部和甘肃省西南部。本区有许多高山名贵药材,其中蕴藏量占全国 60%～80% 及以上的种类有冬虫夏草 *Cordyceps sinensis* (Berk.) Sacc.、胡黄连 *Picrorhiza scrophulariiflora* Pennell、掌叶大黄 *Rheum palmatum* L. 等。

九、海洋产区

海洋产区包括我国东部和东南部广阔的海岸线,以及我国领海海域各岛屿的海岸线。海洋是一个巨大的药库,蕴藏着十分丰富的中药资源,总共近 700 种,其中海藻类 100 种左右,药用动物类 580 种左右,矿物及其他类药物 4 种。主要的海洋生物药有杂色鲍 *Haliotis diversicolor* Reeve、线纹海马 *Hippocampus kelloggi* Jordan et Snyder、刁海龙 *Solenognathus hardwickii* (Gray)、马氏珍珠贝 *Pteria martensii* (Dunker)等。

第三节　中药的道地药材资源

一、道地药材的含义

我国地域辽阔,蕴藏着极为丰富的中药天然资源,仅据现有资料记载即超过 12000 种。自古以来,人们把那些具有地区特色、品质优良、产量高、疗效显著的药材称为道地药材。

道地药材是指经过人们长期医疗实践证明质量好、临床疗效高、传统公认的且来源于特定地域的名优正品药材。出产道地药材的产区称道地产区(或称地道产区),这些产区具有特殊的地质、气候和生态环境。道地药材是一个约定俗成的概念,是一个古代药物标准化的概念。它是以固定产地生产、加工或销售来控制药材质量,保证药材货真质优,得到医者与患者的普遍认可。这一概念的产生以大量的临床实践经验为依据,经得起临床的考验,有着丰富的科学内涵。

中国著名的道地药材包括:东北的人参和鹿茸;浙江的"浙八味";河南的"四大怀药";宁夏的枸杞;云南的三七;广西的蛤蚧;四川的黄连;山东的阿胶和金银花;广东的陈皮,等等。

二、道地药材的主要产区

我国的药材资源十分丰富,各个地区都分布有不同种类的药材。全国的道地药材约有 200 余种,分布于川广云贵、南北浙怀、秦陕甘青。其中西南(四川、云南、西藏)、中南(河南、湖北、湖南、广东、海南、广西)各省区的道地药材较多。例如著名的"四大怀药"即指产于古怀庆府所辖的博爱、武陟、孟州、沁阳等地的地黄、山药、牛膝、菊花;以"浙八味"(玄参、麦冬、白术、浙贝母、延胡索、白芍、郁金、菊花)为代表的浙江产道地药材基本上分布在宁(波)绍(兴)平原和北部太湖流域,尤以磐安、嵊州、杭州、金华、东阳等地为著名产区。还有宁夏中宁县的枸杞子,青海西宁的大黄,甘肃岷县的当归,四川江油市的附子、阿坝和甘孜的川贝母,重庆石柱的黄连,山西长治的党参,山东东阿的阿胶,吉林抚松的人参,广东阳春的砂仁,广西的蛤蚧,陕西的秦皮,新疆的紫草、阿魏,山东的北沙参,福建的泽泻,贵州的天麻,云南的三七,安徽的菊花、(亳)白芍、丹皮、霍山石斛等,均以质量上乘而闻名中外。

道地药材按照产地与分布的不同,大致可以划分为以下 10 类。

1. 川药类　川药是指主产于四川、重庆的道地药材。四川省号称"天府之国",地形地貌复杂,药材资源极为丰富,著名的道地药材呈明显的区域性或地带性分布。无论是中药材的品种,还是中药材的数量,川药均居全国首位。

主要道地药材的种类有:都江堰的川芎;江油的川乌、附子;石柱的味莲;洪雅、峨眉山的雅连;天全、峨边的川牛膝;江津的川枳壳、川枳实;崇州的川郁金;南川、峨眉山的川黄柏;阿坝、甘孜的川贝母、虫草、羌活、麝香;甘孜、雅安的川军;宜宾的巴豆;涪陵、万州的厚朴,等等。还有石菖蒲、川楝子、补骨脂、使君子、虫白蜡、花椒、硼砂等。

2. 广药类　道地药材自古有"川广云贵"之称。广药即指广东、广西南部及海南岛等热带、亚热带地区的道地药材,不包括进口药材。主要有广防己、广巴戟、广豆根、广藿香、广莪术、田七、鸡血藤、阳春砂、益智仁、高良姜、山奈、肉桂、桂枝、槟榔、广金钱草、金钱白花蛇、珍珠、蛤蚧、穿山甲等。

3.云药类　云药是指以云南为主产地的道地药材,主要有三七、云木香、云茯苓、云防风、云黄连、云南马钱、鸡血藤、重楼、儿茶、草蔻、草果、苏木、红大戟、天竺黄、琥珀等。

4.贵药类　贵药是以贵州为主产地的道地药材,主要有天麻、杜仲、吴茱萸、黄精、白及、天冬、五倍子、朱砂、雄黄、水银等。

5.怀药类　广义的怀药是指河南省出产的道地药材,主要有怀地黄、怀牛膝、怀菊花、怀山药、怀红花、密银花、禹白芷、禹白附、辛夷、芫花、千金子等。

6.浙药类　浙药是指产于浙江的道地药材,是以浙八味为代表的浙江道地药材。广义的浙药还包括沿海大陆架生产的药材。主要有浙玄参、浙贝母、杭菊花、杭白芍、杭麦冬、杭萸肉、浙元胡、温郁金、温朴、天台乌药、榧子、栀子、玉竹、乌梅、蝉蜕、乌贼骨等。

7.关药类　关药是指山海关以北或"关外"东三省及内蒙古自治区的部分地区所产的道地药材。主要有人参、鹿茸、关防风、辽细辛、辽(北)五味子、辽藁本、关木通、关龙胆、关黄柏、关白附、关苍术、黄芪、黄芩、甘草、赤芍、锁阳、平贝母、紫草、远志、刺五加、牛蒡子、知母等。

8.北药类　北药是指包括河北、山东、山西及内蒙古的中部地区在内的整个华北地区所产的道地药材。主要有黄芪、潞党参、远志、黄芩、甘遂、白头翁、北沙参、北柴胡、祁白芷、紫草、银柴胡、板蓝根、香附、麻黄、大青叶、艾叶、济银花、北山楂、连翘、大枣、瓜蒌、蔓荆子、苦杏仁、桃仁、小茴香、东阿阿胶、全蝎、龙骨、滑石等。

9.西北药类　西北药包括陕西、甘肃、宁夏、西藏、新疆等地的道地药材。主要有冬虫夏草、大黄、当归、羌活、秦艽、宁夏枸杞、银柴胡、茵陈、秦皮、新疆紫草、麻黄、雪莲花、麝香、熊胆、牛黄等。

10.华南药类　华南药主要包括长江以南的湖北、湖南、江苏、安徽、江西、福建等地的道地药材,不包括进口南药。主要有苏薄荷、苏桔梗、苏条参(北沙参)、茅苍术、霍山石斛、宣木瓜、滁菊、亳芍、凤丹皮、建泽泻、建青黛、蕲艾、蕲蛇、南沙参、太子参、明党参、射干、蜈蚣、蟾蜍、鳖甲、龟板、昆布、海藻、石膏等。

第二章　药用植物的种植分类与种植环境

第一节　药用植物的种植分类

据全国第三次中药资源普查结果显示,我国现有药材达 12807 种,其中植物药 11146 种,占 87%。在我国丰富的天然药物资源中,植物药种类尤其繁多,既有大量的草本植物,又有众多的木本植物、藤本植物、蕨类植物和低等植物菌藻类,而且种植方式和药用部位各不相同。因此,中药材的种植分类方法亦多种多样,可依照植物科属、生态习性、自然分布分类,也可按照种植方式、利用部位或不同的性能功效分类。

一、按药用部位的不同分类

药用植物的营养器官(根、茎、叶)、生殖器官(花、果、种子)以及全株均可加工供药用。按其不同入药部位,可分为下列 6 类:

1. 根及地下茎类　其药用部位为地下的根茎、鳞茎、球茎、块茎和块根,如人参、百合、贝母、山药、延胡索、射干、半夏等。

2. 全草类　其药用部位为植物的茎叶或全株,如薄荷、绞股蓝、肾茶、甜叶菊等。

3. 花类　其药用部位为植物的花、花蕾和花柱,如菊花、红花、金银花、番红花、辛夷等。

4. 果实及种子类　其药用部位为植物成熟或未成熟的果皮、果肉和果核,如栝楼、山茱萸、木瓜、枸杞、白扁豆、酸枣仁等。

5. 皮类　其药用部位为植物的根皮和树皮,如丹皮、地骨皮、杜仲、厚朴、黄柏等。

6. 真菌类　为药用真菌,如茯苓、猪苓、灵芝、猴头、冬虫夏草等。

二、按中药性能功效的不同分类

中药含有多种复杂的有机和无机化学成分,决定了每种中药材都具有一种或多种性能和功效。在种植上常按其不同的性能和功效分为以下 11 类:

1. 解表药类　凡能疏解肌表、促使发汗,用以发散表邪、解除表证的中药,称为解表药。如麻黄、防风、细辛、薄荷、菊花、柴胡等。

2. 泻下药类　凡能引起腹泻或滑利大肠,促使排便的中药,称为泻下药。如大黄、番泻叶、火麻仁、郁李仁等。

3. 清热药类　凡以清解里热为主要作用的中药,称为清热药。如知母、栀子、玄参、黄连、金银花、地骨皮等。

4. 化痰止咳药类　凡能消除痰涎或减轻和制止咳嗽、气喘的中药,称为化痰止咳药。如半夏、贝母、杏仁、桔梗、枇杷叶、罗汉果等。

5. 利水渗湿药类　凡以通利水道、渗除水湿为主要功效的中药,称为利水渗湿药。如茯苓、泽泻、金钱草、海金沙、石苇、萆薢等。

6. 祛风湿药类　凡以祛除肌肉、经络、筋骨风湿之邪,解除痹痛为主要作用的中药,称为祛风湿药。如木瓜、秦艽、威灵仙、海风藤、昆明山海棠、雷公藤、络石藤、徐长卿等。

7. 安神药类　凡以镇静安神为主要功效的中药,称为安神药。如酸枣仁、柏子仁、夜交藤、远志等。

8. 活血祛瘀药类　凡以通行血脉、消散瘀血为主要作用的中药,称为活血祛瘀药。如鸡血藤、丹参、川芎、牛膝、益母草、红花、番红花等。

9. 止血药类　凡能有制止体内外出血作用的中药,称为止血药。如三七、仙鹤草、地榆、小蓟、白茅根、藕节、断血流等。

10. 补益药类　凡能补益人体气血阴阳不足,改善衰弱状态,以治疗各种虚症的中药,称为补益药。如人参、西洋参、党参、黄芪、当归、白术、沙参、补骨脂、女贞子、绞股蓝等。

11. 治癌药类　凡用于试治各种肿瘤、癌症,并有一定治疗效果的中药,称为治癌药。如长春花、喜树、茜草、白英、白花蛇舌草、半枝莲、龙葵、天葵、藤梨根、黄独、七叶一枝花等。

第二节　药用植物的种植环境

药用植物栽培品种现已有 200 多种,遍及全国各地。各类药用植物对自然环境条件(如光照、温度、水分、土壤等)的要求往往有所不同,如人参喜冷凉气候,不耐高温,宜在我国北方生长。因此,若要知道本地区适宜种植哪些药材,首先要摸清楚当地的自然环境条件,其次是根据供需情况,因地制宜地发展中药材生产。切忌贪大求贵,盲目种植。

一、光照

大多数绿色植物只有在一定的阳光照射下才能进行光合作用,制造有机物质,积累有效成分,如脂类、蛋白质、核酸、挥发油、苷类等。而各类药用植物对光照强度的要求亦各不相同,如薏苡、薄荷、菊花、山药、川芎、丹参、白芍、地黄、防风、元胡等宜种在向阳的环境,称为阳生植物;而人参、三七、黄连、黄精、玉竹、八角莲、细辛等宜种在阴凉的环境,称为阴生植物;还有许多植物,如贝母、郁金、百合、麦冬、莪术、白姜、党参、白术、牛膝等,在向阳或稍荫蔽的环境下均能生长,称为中生植物。因此,喜光的阳生植物只有在阳光充足的条件下,才能使枝条生长充实,茎秆粗壮,叶片肥厚,干物质积累也较多。若光照不足,则茎秆细长,叶片嫩黄,容易倒伏,影响药材的产量和质量。而喜阴的植物不耐阳光直射,因此,人工栽培时必须搭设棚架来调节荫蔽度,否则会影响植物的正常生长发育。

二、温度

药用植物从种子萌发、出苗、生长、发育直到开花结果,都需要一定的温度。不同种类的药用植物对温度的要求亦各不相同。如吉林人参性耐寒,在-40 ℃的严寒下仍能保持生命力;海南砂仁的生长适温为 22～23 ℃。一般药用植物在低于0 ℃时不能生长,在 0 ℃以上时,生长随温度的增高而加快,高于 35 ℃时生长渐趋停止,甚至死亡;生长的最适温度为 25 ℃左右。

三、水分

在植物生命活动中,水分最重要,因为水是植物细胞原生质的重要成分。水分在植物体中含量最丰富,据测定,占植物体总重量的 80%～90%。但是,水分过多或过少对植物体生长发育均不利,严重时可造成死亡。

不同种类的药用植物对水分的要求也各不相同。如甘草、麻黄、芦荟、景天等有发达的根系或茎叶呈肉质,具有发达的薄壁组织,能储存大量的水分,称为旱生植物;又如莲藕、芡实、泽泻等因输导组织简单,根的吸收能力很弱,宜在水田或池塘中生长,称为水生植物;而黄连、细辛、秋海棠、蕨类药用植物等的抗寒能力较差,缺水就影响其生长发育,必须在湿润或阴湿的环境中栽培,称为湿生植物;大多数药用植物宜生长在干湿适中的环境,如白芷、白术、红花、牛膝、地黄、山药、丹参等,称为中生植物。因此,在发展中药材生产时要掌握各类药用植物对水分的适应性能,就是同一种类的药用植物,在不同的生长发育阶段对水分的要求也不一样。如薏苡在苗期、拔节、抽穗、灌浆时要求有足够的水分,若遇干旱,会造成严重减产。

四、土壤

土壤是药用植物生长发育的场所和基础。土壤最基本的特性是具有肥力,因此能源源不断地供给植物生长发育所需要的水分、养分和空气等营养物质。土壤是由固体、液体、气体三相物质组成的一种复杂的有机整体。固体部分是组成土壤的"骨架"。根据土壤黏性和沙性程度的不同,可将土壤分为黏土、沙土和壤土。

1.黏土　土壤中黏粒占 60% 以上的为黏土。黏土通气、透气性能差,结构致密,易板结,一般药用植物都不适宜种植。简易鉴别方法:将土壤用适量的水调和,能搓成条,可弯曲成环状,加压无裂痕者为黏土。

2.沙土　土壤中沙粒占 90% 以上的为沙土。沙土疏松粗糙,通气、透气性能强,因此保水保肥能力差,且土温变化剧烈,一般药用植物也不宜种植。简易鉴别方法:土壤用水浸湿后不能捏成团,一松即散。

3.壤土　土壤中含沙粒或黏粒介于黏土和沙土之间的为壤土。壤土通气、透水、保湿保肥、供水供肥以及耕作性能都较好,最适宜种植大多数药用植物,尤其是根和地下茎类中药材,如丹参、沙参、桔梗、贝母、元胡、山药、地黄、白术、牛膝等。简易鉴别方法:将土壤用适量的水调和,可捏成团、不能搓成条的为壤土。

土壤酸碱度是土壤的重要性质之一,通常用 pH 表示。简易测定方法是将土壤加适量水溶解成土壤溶液,用广泛石蕊试纸测定,再与比色板对照:凡 pH 大于 7 的为碱性土,尝之有涩味;凡 pH 小于 7 的为酸性土,尝之有酸味;pH 等于 7 的为中性土,尝之不涩也不酸。大多数药用植物喜在中性或微酸性、微碱性土壤中生长。但少数植物,如厚朴、栀子、肉桂等喜在酸性土壤中生长;而枸杞、酸枣、甘草等则宜在碱性土壤中生长。

第三章 药用植物的繁殖

第一节 无性繁殖

高等植物的一部分器官脱离母体后能重新分化发育成一个完整植株的特性，叫作植物的再生作用。营养繁殖就是利用植物营养器官的这种再生能力来繁殖新个体的一种繁殖方法。营养繁殖的后代来自同一植物的营养体，它的个体发育不是重新开始，而是母体发育的继续，因此开花结实早，能保持母体的优良性状和特征。但是，营养繁殖的繁殖系数较低，有的种类如地黄、山药等长期进行营养繁殖容易引起品种退化。常用的营养繁殖方法如下。

一、分离繁殖

分离繁殖是指将植物的营养器官分离培育成独立新个体的繁殖方法。此法简便，成活率高。分离时期因药用植物种类和气候而异，一般在秋末或早春植株休眠期内进行分离。根据采用母株的部位不同，可分为分球繁殖（如番红花）、分块繁殖（如山药、白及等）、分根繁殖（如丹参、紫菀等）和分株繁殖（如砂仁、沿阶草等）。

二、压条繁殖

压条繁殖是指将母株的枝条或茎蔓埋压于土中，或在树枝上用泥土、青苔等包扎，使之生根，再与母株割离，成为独立植株。压条法有普遍压条法、波状压条法、堆土压条法、空中压条法等。马兜铃、玫瑰、何首乌、蔓荆子、连翘等可以用此法繁殖。

三、扦插繁殖

扦插繁殖是指割取植物营养器官的一部分，如根、茎、叶等，在适宜条件下插入基质中，利用其分生机能或再生能力使其生根或发芽，成为新的植株。通常用木本植物枝条（未木质化的除外）扦插的称为硬枝扦插；用未木质化的木本植物枝条和草本植物扦插的称为绿体扦插。

1.扦插时期　露地扦插的时期因植物种类、特性和气候而异。草本植物的适应性较强，扦插时间要求不严，除严寒酷暑外，均可进行。木本植物一般以休眠期为宜。常绿植物则适宜在温度较高、湿度大的夏季扦插。

2.促进插条生根的方法

(1)机械处理：对扦插不易成活的植物，可预先在生长期间选定枝条，采用环割、刻伤、缢伤等措施，使营养物质积累于伤口附近，然后剪取枝条扦插，可促进生根。

(2)化学药剂处理：如丁香、石竹等插条下端用5%～10%蔗糖溶液浸渍24 h后扦插，生根效果显著。

(3)生长调节剂处理：生产上通常使用萘乙酸、2,4-二氯苯氧乙酸(2,4-D)、吲哚乙酸等处理插条，可显著缩短插条生根的时间，诱导生根困难的植物插条生根，提高成活率。如以0.1% 2,4-D粉剂处理枳壳插条，生根率达100%。

3.扦插方法　生产中应用较多的是枝插法。木本植物选一、二年生枝条作插穗，草本植物用当年生幼枝作插穗。扦插时先选取枝条，剪成10～20 cm的小段，上切面在节的上方微斜，下切面在节的稍下方剪成斜面，每段应有2～3个芽。除留插条顶端1～2片叶(大叶只留半个叶片)外，其余叶片除掉。然后插于插床内，上端露出土面的长度为插条的1/4～1/3并遮阴，经常浇水，保持湿润，成活后移栽。

四、嫁接繁殖

嫁接繁殖是指把一种植物的枝条或芽接到其他带根系的植物体上，使其愈合生长成新的独立个体的繁殖方法。人们把嫁接用的枝条或芽叫接穗，把下部带根系的植株叫砧木。嫁接繁殖能保持植物优良品种的性状，加速植物生长发育，提前收获药材，增强植物适应环境的能力等。药用植物中采用嫁接繁殖的有诃子、金鸡纳、木瓜、山楂、枳壳、辛夷等。嫁接的方法有枝接、芽接和靠接三种。

1.枝接法　枝接又可分为劈接、舌接、切接等形式，最常用的是劈接和切接。切接多在早春树木开始萌动而尚未发芽前进行。砧木直径以2～3 cm为宜，在离地面2～3 cm或平地处将砧木横切，选皮厚、纹理顺的部位垂直劈下，深3 cm左右，取长5～6 cm带2～3个芽的接穗，削出两个切面，插入砧木劈口，使接穗和砧木的形成层对准，扎紧后埋土。

2.芽接法　芽接是在接穗上削取一个芽片，嫁接于砧木上，成活后由接芽萌发形成植株。根据接芽形状不同又可分为芽片接、梢接、管芽接和芽眼接等方法，目前应用最广的是芽片接。在夏末秋初(7～9月)，选径粗0.5 cm以上的砧木，切一个丁字形口，深度以切穿皮层、不伤或微伤木质部为宜，切面要求平直。在接穗枝条上用嫁接刀削取盾形稍带木质部的芽，插入切口内，使芽片和砧木内皮层紧贴，用麻皮或薄膜绑扎。

3.靠接法　将两株准备相靠接的枝条相对一面各削去形状大小一致、长为

2～5 cm 的树皮一片,然后相互贴紧,用塑料布条绑扎结实即可。成活后将接穗从母株上截下,另行栽植。

第二节　有性繁殖

有性繁殖又称种子繁殖,一般用种子繁殖出来的实生苗,对环境的适应性较强,同时繁殖系数大。种子是一个处在休眠期的有生命的活体。只有优良的种子,才能产生优良的后代。药用植物种类繁多,其种子的形状、大小、颜色、寿命和发芽特性都不一样。

一、种子特性

1.种子休眠　种子休眠是由于内在因素或外界条件的限制,暂时不能发芽或发芽困难的现象。种子休眠期的长短随植物种类和品种而异。种子休眠的原因有很多,包括内因和外因,主要有以下几个方面:一是种皮的障碍,由于种皮太厚、太硬,或有蜡质,透水、透气性能差,影响种子的萌发,如莲子、穿心莲等;二是后熟作用,由于胚的分化发育未完全(如人参、银杏等),或胚的分化发育虽已完全,但生理上尚未成熟,还不能萌发(如桃、杏等);三是在果实、种皮或胚乳中存在抑制性物质,如氢氰酸、有机酸等,阻碍胚的萌芽。

2.种子发芽年限　种子发芽年限是指种子保持发芽能力的年限。各种药用植物种子的寿命差异很大。寿命短的只有几天或不超过 1 年,如肉桂种子,一经干燥即丧失发芽力,当归、白芷种子的寿命不超过 1 年;多数药用植物种子发芽年限为2～3 年,如牛蒡、薏苡、水飞蓟、桔梗、板蓝根、红花等。贮藏条件适宜可以延长种子的寿命。生产上还是以新鲜种子为好,隔年种子往往发芽率很低。

二、种子处理

播种前进行种子处理是一项经济有效的增产措施。它可以提高种子品质,防治种子病虫害,打破种子休眠,促进种子萌发和幼苗健壮生长。种子处理的方法有很多,可归纳为以下几类。

1.化学物质处理

(1)一般药剂处理:用化学药剂处理,只有根据种子的特性选择适宜的药剂和浓度,严格掌握处理时间,才能收到良好的效果。如甘草种子用硫酸处理可打破种皮障碍,提高发芽率。明党参的种子用 0.1% 小苏打溶液、0.1% 溴化钾溶液浸30 min 后播种,可提早发芽 10～12 天,发芽率提高 10% 左右。

(2)生长调节剂处理:如用赤霉素处理牛膝、白芷、防风、桔梗等的种子,均可提高发芽率。

（3）微量元素处理：常用的微量元素有硼、锰、锌、铜、钼等。如桔梗种子用 0.3%～0.5%高锰酸钾溶液浸 24 h,种子和根的产量均获提高。

2.物理因素处理

（1）浸种：采用冷水、温水或变温交替浸种,不仅能使种皮软化,增强透性,促进种子萌发,而且能杀死种子内外所带病菌,防止病害传播。如穿心莲种子在 37 ℃温水浸 24 h,可显著促进发芽;薏苡种子采用冷热水交替浸种,对防治黑粉病的发生有良好的效果。

（2）晒种：晒种能促进某些种子的后熟,提高发芽率和发芽势,还能防止病虫害。

（3）机械损伤处理：采用机械方法损伤种皮,打破种皮障碍,促进种子萌发,如黄芪、甘草、穿心莲等的种子可用粗沙擦破种皮,再用温水浸种,可显著提高发芽率。

（4）层积处理：层积法是打破种子休眠常用的方法,银杏、人参、黄连等常用此法促进后熟。其方法是将种子和湿润的沙土混匀,放于较低温度下储藏。

3.生物因素处理　生产上主要用细菌肥料拌种。

三、播种

1.土地准备　土地准备包括耕翻、整地、做畦等,翻地时要施基肥,尤其对根类药用植物更为重要。翻地后使土块细碎,以防种子不能正常发芽。根据植物特性和当地气候特点进行做畦,如南方种植根类药材多采用高畦。畦的宽度以便于操作管理为准。

2.播种期　药用植物特性各异,播种期很不一致,但通常以春、秋两季播种为多。一般耐寒性差、生长期较短的一年生草本植物以及没有休眠特性的木本植物宜春播,如薏苡、紫苏、荆芥、川黄柏等。耐寒性强、生长期长或种子需休眠的植物宜秋播,如北沙参、白芷、厚朴等。由于我国各地气候差异较大,同一种药用植物在不同地区的播种期也不一样,如红花在南方宜秋播,而在北方则多春播。每一种药用植物在某一地区都有适宜的播种期,如当归、白芷在秋季播种过早,第二年易发生抽薹现象,造成根部不能作为药用,而播种过迟,则影响产量甚至发生冻害。在生产过程中应注意确定适宜的播种期。

3.播种方法

（1）直播：有穴播、条播、撒播三种方法,在播种过程中要注意播种密度、覆土深度等。如大粒种子宜深播,小粒种子宜浅播,黏土宜浅播,沙土宜深播。

（2）育苗移栽：杜仲、黄柏、厚朴、菊花、白术、党参、黄连、射干等采用先在苗床育苗,然后移栽于大田的方法。育苗移栽能提高土地利用率,管理方便,便于培育壮苗。

第四章 药用植物的栽培技术基础

第一节 栽培制度

一、栽培制度的内涵

栽培制度是各种栽培植物在农田上的部署和相互结合方式的总称。它是某单位或某地区的所有栽培植物在该地空间上和时间上的配置(布局),以及配置这些植物所采用的单作或间作、套作、轮作、再生作、复种等种植方式所组成的一套种植体系。

二、栽培植物的布局

根据植物对温、光、水、肥的要求不同,将其种植在最适宜的自然环境中,以获得优质高产。

三、复种

(一)复种的概念

复种是指一年内在同一块土地上种收两季或多季植物的种植方式。我国长江以南多数省份的复种指数为 230% 左右,西南及长江以北地区的复种指数多数在 140% 以上。

(二)复种的条件

影响复种的自然条件主要有热量和降水量,生产条件主要有水利、肥料和人畜动力等。

四、单作与间、混、套作

(一)概念

1.单作 在一块土地上,一个完整的生育期间只种一种植物,称为单作,也称净种或清种。如人参、西洋参、牛膝、当归等。

2.间作 在同一块土地上,同时相间种植两种以上生长期相近的植物,称为间作。间作应正确选择植物种类,如高秆与矮秆、深根与浅根、喜阳与喜阴等植物进行搭配。

3.套作　套作是指利用两种或两种生长期限不同的植物,交错播种在同一块土地上,即在前作近成熟时,及时在它的行间播种后作植物。套作可解决前作未熟,后作需要播种的矛盾。

4.轮作　在同一块土地上轮换种植不同的植物,称为轮作。合理轮作不仅可以提高土壤肥力和单位面积产量,还可以减少病虫害和杂草的危害。

(二)单作与间、混、套作的技术

1.选择适宜的种类和品种搭配,如喜光与耐阴植物、喜温与喜凉植物、耗氮与固氮植物、圆叶与尖叶植物、深根系与浅根系植物、高秆与矮秆植物搭配等。

2.建立合理的密度与田间结构,适当密植是增产的关键。通常情况下,主要植物应占较大比例,密度与单作时的相当,副植物占较小比例,密度小于单作时的密度。

3.采用相应的栽培管理措施。

(三)间、混、套作类型

1.间、混作类型　①粮药、菜药混作:如玉米与贝母(细辛、麦冬等)混作;芍药(牡丹、山茱萸、枸杞等)与豌豆(大豆、大蒜等)混作;杜仲(黄柏、厚朴、喜树等)与大豆、花生等混作。②果药、林药间作:幼林可与喜光药材间作,成林可与喜阴药材间作。

2.套作类型　如棉花与红花、王不留行套作;玉米与郁金、川乌套作。

五、轮作与连作

(一)概念

轮作是指在同一块土地上,按照一定的植物或不同复种方式的顺序,轮换种植植物的栽培方式。前者称植物轮作,后者称复种轮作。

连作是指在同一块土地上重复种植同种植物或同一复种方式连年种植的栽培方式。前者称植物连作或单一连作,后者又称复种连作。

复种连作在一年之内的不同季节仍有不同的植物进行轮换,只是不同年份同一季节栽培的植物年年相同,而且它的前后作植物及栽培耕作等也相同。

(二)轮作增产的原因

1.充分利用土壤中的营养元素,提高肥效。

2.减少病虫危害,克服自身排泄物的不利影响。如人参黑斑病、薏苡黑粉病、红花炭疽病等对寄主都有一定的选择性,它们在土壤中存活都有一定年限。因此,用抗病植物和非寄主植物与容易感染这些病虫害的植物实行定期轮作,可收到消灭或减少这些病虫害的效果。

3.改善田间生态条件,减少杂草危害。

(三)连作减产的原因

1.生长发育全程或某个生育时期所需的养分不足或肥料元素的比例不适宜。

2.害虫侵染源增多,发病率和受害率加重。

3.该种植物的自身代谢产物增多,土壤 pH 等理化性状变差,施肥效果降低。

4.杂草增多。

(四)药用植物轮作应注意的问题

1.叶类、全草类药用植物要求土壤肥沃,需氮肥较多,应选豆科植物或蔬菜作前茬。

2.用小粒种子进行繁殖的药用植物,如桔梗、白术等,播种覆土浅,易受草荒危害,应选豆茬或收获期较早的中耕作物作前茬。

3.有些药用植物与粮食作物、蔬菜等都属于某些病害的寄主范围或某些害虫的同类取食植物,安排轮作时,必须错开此类茬口。如枸杞与土豆有相同的疫病,红花、菊花、牛蒡易受蚜虫危害,安排茬口时要特别注意。

4.有些药用植物生长年限长,轮作周期长,可单独安排它的轮作顺序,如人参需轮作 10 年左右,黄连需轮作 7 年,大黄需轮作 5 年等。

第二节　土壤与耕作

一、药用植物对土壤的要求

栽培药用植物对土壤的要求如下:

1.有一个深厚的土层和耕层,整个土层最好深 1 m 以上,耕层≥25 mm,使水、肥、气、热等因素有一个保蓄的地下空间,使药用植物的根系有适当伸展和活动的场所。

2.耕层土壤松紧适宜,并相对稳定,保证水、肥、气、热等因素能同时存在,并源源不断地供给植物吸收利用。

3.土壤质地沙黏适中,含有较多的有机质,具有良好的团粒结构或团聚体。

4.土壤的 pH 适度,地下水位适宜,土壤中不含有过多的重金属和其他有毒物质。

二、土壤耕作的基本任务

土壤耕作就是用机械方法改善耕层土壤的物理状况,调节土壤固相、液相和气相的比例关系,建立良好的耕层构造,使土壤中的水、肥、气、热等因素相协调。通过土壤耕作,可以创造和维持良好的耕层构造和适宜播种的表土层;翻埋残茬和绿肥,混合土肥;防除杂草和病虫害。

耕作是用农机具改善耕层土壤状况的措施。主要包括:①耙地:具有疏松表土、透气保墒、平整地面、混拌肥料、耙碎根茬、清除杂草以及覆盖种子等作用。②旋耕:一次能完成耕、耙、平、压等作业。③镇压:具有压实土壤、压碎土块和平整地面的作用。④开沟、做畦、起垄、筑埂:方便排灌,提高排灌质量;防渍排涝,利于降低地下水位,消除有毒物质等。⑤中耕:具有疏松表土、破除板结、增加土壤通气性、提高土温、铲除杂草、加强土壤养分有效化,以及促进好气微生物活动和根系伸展的作用。⑥培土:具有固定植株、防止倒伏、增厚土层,利于块根和块茎的发育,以及防止表土板结、提高土温、改善土壤通气性、覆盖肥料和压埋杂草等作用。

三、耕作的时间与方法

(一)整地

整地通常于春、秋两季进行,但以秋耕为好。秋耕可使土壤质地疏松,既能增加吸水力,又能消灭土壤中的病源和虫源,还能提高春季土壤温度。

整地深度视药用植物种类和土壤状况而定。实践证明,在 0～50 mm 范围内,药用植物产量随整地深度的增加而有不同程度的提高。就一般药用植物根系的分布来说,50%的根量集中在 0～50 mm 范围内。整地的一般原则是:一年生和二年生草本药用植物整地宜浅,如细辛、半夏、猫爪草等;根及地下茎类以及木本类药用植物整地宜深,如黄芪、甘草、山药、牛膝等。

整地要结合施基肥,尤其是要施足农家肥,可加速土壤熟化,提高土壤肥力,改良土壤性状。整地方法有机械深耕等。

(二)表土耕作

1. 耙地 用钉齿耙平整土地,混拌肥料,减少蒸发。

2. 耱地 即糖地,常在犁地、耙地后进行,用于平整地面、糖实土壤、糖碎土块,以利于保墒,为播种和出苗提供良好条件。镇压后糖地,使耕层上再形成一个平整而略松的薄层,保墒效果更好。

3. 垄作 垄作是在高于地面的垄台上栽种作物的耕作方式。我国华北、东北和内蒙古等地多用于栽培玉米、高粱、甜菜等旱地作物,其他地区主要用于栽培甘薯、马铃薯等薯芋类作物。

垄作的优点:垄台土层厚,土壤空隙度大,不易板结,利于作物根系生长;垄作的地表面积比平地增加 20%～30%,昼间土温比平地增高 2～3 ℃,昼夜温差大,有利于光合产物积累;利于排水防涝,干旱时可顺沟灌水以免受旱;利于集中施肥等。

4.整地做畦　北方畦宽 110～150 cm,南方畦宽 130～200 cm,畦高 15～22 cm。

(1)高畦:畦面比畦沟高 9～20 cm。其优点是提高土温,利于通风透光和灌溉排水。一般在雨水多、地势低洼、排水不良的地块采用。根及根茎类药用植物多采用高畦。

(2)平畦:畦面和作业道相平,畦的四周做成小土埂,适用于栽培对土壤温度要求较高的药用植物,或在风势猛烈、地下水位较低、土层深厚、排水良好的地区采用。

(3)低畦:畦面通常比走道低 10～16 cm,一般在地下水位低的干旱地区采用或用于栽培喜湿的药用植物。

畦的方向常以南北方向较适宜,对于喜阳植物尤其如此。北风强烈的地区可采用东西向,在山坡和倾斜地段做畦的方向应与坡向垂直,以减缓坡度,减少水土流失。

第三节　常规田间管理措施

田间管理(farm manage)包括常规田间管理(间苗、定苗、中耕除草与培土、追肥、灌水与排水等)和植株调整管理(部分药用植物还需进行摘心打顶与摘蕾、整枝修剪、覆盖与遮阴等),是保证药材生产、获得高产优质药材的一项重要的技术措施。

一、间苗、补苗与定苗

1.间苗与定苗　间苗宜早不宜迟,过晚会浪费肥料,影响通风。人参、三七、西洋参、天麻等不需间苗。一般间苗 2～3 次,不要一步到位,前两次可疏去过密、弱小的秧苗。最后一次间苗称为定苗,行株距与正常生长要求一样。

2.补苗　由于播种方式或种子质量不一,田间出苗差的地方应进行补苗,一般在定苗时进行。

二、中耕、除草与培土

1.中耕　在药用植物生长过程中,需借助人力、畜力和机械力进行松土。

(1)作用:除杂草,疏松土壤,保水保温,防止土壤板结和盐碱化。

(2)中耕次数与深度的决定因素:①根据土壤性质和水分状况决定,干旱地区宜浅耕。②根据植物种类决定,深根性植物的中耕利于其扎根,宜深耕;浅根性植物应浅松土。③根据药用植物的生育状况决定,生长初期应浅耕。注意,延胡索不宜中耕,原因是:枝杆易断;横走茎不可再生;表层土壤不平整时易积水。

2.除草　中耕除草以人工除草为主。化学除草使用除草剂,除草剂(GAP 不提倡使用化学除草剂)具有选择性和灭生性。可通过精选种子、轮作换茬、水旱轮作、合理耕作等方式减少草害。

3.培土　培土的作用包括:防止高秆植物倒伏;对于有芦头的中药植物,培土可使子芽增大,有利于优质繁殖;利于块根、块茎的膨大;防寒越冬。

三、追肥

(一)肥料的种类

通常把肥料分为有机肥料、无机肥料和微生物肥料三类。

1.有机肥料　有机肥料又称农家肥,包括人粪尿、厩肥、堆肥、饼肥、绿肥、火土灰、塘泥、各种农家废弃物等。其特点是:种类多,来源广,成本低,便于就地取材;养分含量全面,肥效持久,施用后能显著地改良土壤理化性状,提高土壤肥力。一般作基肥施用,可供植物整个生育期的需要。尤其是种植根及地下茎类药材,应多施优质农家肥。

2.无机肥料　无机肥料又称化肥。其特点是:有效养分含量高,肥效快,绝大部分能溶于水,施用方便。化肥一般作追肥或根外追肥施用。栽培全草类以及花、果实、种子类药材时,施用化肥得当,能起到显著的增产效果。

3.微生物肥料　微生物肥料又称菌肥,常用的有根瘤菌、固氮菌、磷细菌和钾细菌等。多与有机肥料和无机肥料配合施用。

(二)施肥原则

一年生、二年生及全草类药材的苗期应多施氮肥,促使茎叶生长,在生长后期配合施用磷、钾肥;多年生及根和地下茎类药材,除在晚秋或早春结合整地施足基肥外,生长期至少要追 3 次:第一次在春季萌发生长后,第二次在开花前,第三次在开花后结果前,冬季还要重施一次"腊肥"。

栽培木本花、果实、种子类药材,肥料应在秋季树木进入休眠前施入。

四、灌溉与排水

灌溉种类主要有播种前灌水、催苗灌水、生长期灌水和冬季灌水等。灌溉方法主要有沟灌、畦灌、喷灌、滴灌、渗灌、浇灌等。

排水是指排除农田多余的地表水和地下水,控制地下水位,防治盐碱化和沼泽化,为改善农业生产条件和保证高产稳产创造良好的条件。农田排水是发展农业生产和提高作物产量及产值的保证。由于自然和农业生产条件各异,不同地区的排水任务也不同。在湿润和半湿润地区,由于降雨过多或过于集中,往往容易形成涝渍,无论灌溉与否,均需及时排除地表水和地下水,以控制地下水位。在土壤含盐量大或地下水矿化度高的地区,则需通过排水促进土壤脱盐,淡化地下水和防治土壤盐碱化。在干旱或水资源缺乏的地区,应采取蓄水措施等。为了控制地下水位,必须开挖具有一定间距和深度的田间排水沟。

五、植株调整及植物生长调节剂的应用

(一)草本药用植物的植株调整

1.打顶和摘蕾　摘去顶芽是为了破坏顶端优势,抑制主茎生长,促使侧芽发育。如菊花、红花适时摘除顶芽可促进侧枝生长,增加花朵数,提高产量;薄荷在分株繁殖时生长慢,植株较稀,若去掉顶芽,则侧枝很快生长,能提早封行;附子适时打顶并不断除去侧芽,可抑制地上部生长,促进地下块根膨大,提高附子产量。打顶宜早不宜迟,应选晴天进行,以利于伤口愈合。

摘除花蕾可抑制生殖生长,转而促进营养器官的生长,凡是不以种子、果实作药或不采籽的中草药都可通过摘蕾提高产量。通过摘蕾增产的常见中草药有白术、桔梗、人参、黄连、三七等。

打顶和摘蕾都要注意保护植株,不能损伤茎叶,牵动根部。一般宜选晴天露水干后进行,以免引起伤口腐烂,感染病害。

2.整枝修剪　修剪包括修枝和修根。如栝楼主蔓开花结果迟,侧蔓开花结果早,所以要去主蔓留侧蔓,以利于增产。修根的目的是促进植物的主根生长肥大,以及符合药用品质和要求。修根只宜在少数以根入药的植物中应用,如四川的附子、浙江的芍药等。附子修根主要除去过多的侧生块根,使留下的块根生长肥大,以利于加工;芍药修根主要是除去侧根,保证主根生长肥大,达到增产的目的。

(二)木本药用植物的植株调整

木本药用植物的植株调整主要包括整形和修剪。对幼龄树一般宜轻剪,以培育一定的株形,促使其早期丰产。对于一些灌木类如枸杞、玫瑰等幼树则宜重剪。对于成年树的修剪多用疏删或短截,以维持树势健壮和各部分之间的相对平衡,使每年都能抽生强壮充实的营养枝和结果能力强的结果枝。

修枝的时间南方一般在冬、夏两季,北方在春、夏、秋三季,但以秋季为主。秋、冬季修剪主要是修剪主、侧枝和病虫害枝、枯枝、萎枝、纤弱枝及徒长枝等;夏季修剪主要是抹掉赘芽、摘梢、摘心等。修剪时还应考虑综合利用,如安徽地区将杜仲的修剪时间安排在早春芽快萌动之前,剪下的枝条可作插条用,其成活率在70%以上。

（三）植物生长调节剂的应用

抑制植物地上器官生长、促进地下器官生长时，草本植物宜用矮壮素（CCC），木本植物则最好用 N-二甲基琥珀酰胺（B_9），可以控制徒长，调节养分，增强抗性。

打破休眠可使用赤霉素（GA）。调控芽的生长可使用 B_9 和 CCC。调控花芽分化、生长及性别，促进果实发育可使用 2,4-D。

六、其他田间管理

药用植物的其他田间管理措施包括搭设支架或荫棚、覆盖、防寒越冬、病虫害防治等。

1.搭设支架或荫棚　对阴生植物如西洋参、人参、三七等和苗期喜阴的植物，为避免高温和强光危害，需要搭棚遮阴。对于攀缘、缠绕、藤本和蔓生的药用植物，如山药、何首乌、栝楼、忍冬、牵牛等，搭架后相对提高冠层的高度，增加受光面积，大大降低遮阴程度，其产量随叶面积指数增加而增加。

2.覆盖　利用枝叶、稻草、麦秆、谷糠、土壤等撒铺在地面上，称为覆盖。覆盖可改善畦面生态环境，防止土壤水分蒸发，使土壤不易板结，改善土壤肥力，并有保温防冻、防止鸟害和杂草等作用，有利于出苗、移植后的植株成活和生长。

3.防寒越冬　宿根性草本和喜温的药用植物越冬前应施肥、培土或地面覆盖；木本类药用植物还应采用包扎防寒等措施。

第五章 药用植物病虫害及其防治

病虫害及其防治是药用植物栽培过程中最为薄弱和关键的环节。药用植物种类繁多,受环境因素的影响较大,以及栽培生产中的粗放管理,导致长期以来病虫害及其防治问题十分突出,成为影响药用植物产量和中药材品质的重要因素。因此,加强药用植物的规范化管理,重视病虫害的有效防治,是保证药用植物稳产、优质、高效的关键措施。

第一节 病虫害种类及危害

引起药用植物发病的原因包括生物因素和非生物因素。侵染性病害或寄生性病害是指由生物因素如真菌、细菌、病毒等侵入植物体所引起的病害,有传染性。非侵染性病害或生理性病害是指由非生物因素如旱、涝、严寒、养分失调等影响或损坏生理机能而引起的病害,没有传染性。

(一)病害

1.叶部病害 主要有霜霉病、白锈病、白粉病、锈病、叶斑病、叶枯病、炭疽病、病毒病等。

防治药剂:50%多菌灵、50%托布津、65%代森锌、波尔多液等。

2.根部病害 主要有根腐病、白绢病、线虫病等。

防治方法:播种前对土壤进行消毒;防治地下害虫和线虫;增施腐熟的有机肥,增强植株的抗病力;与禾本科作物轮作或水旱轮作;播种前,向土壤中施石灰消毒;种栽时,用多菌灵或托布津溶液浸泡消毒后下种等。

3.茎部病害 主要有立枯病、枯萎病、菌核病等。

防治方法:加强田间管理,降低土壤湿度;及时拔除病苗,对苗床进行土壤消毒;实行与禾本科作物轮作;发病时,在发病中心撒施石灰粉,喷50%多菌灵或50%托布津。

4.果实、种子病害 主要有枸杞黑果病、薏苡黑穗病等。

防治药剂:50%退菌特、50%多菌灵、65%代森锌等。

(二)虫害

1.根部害虫 如蝼蛄、蛴螬、地老虎、拟地虫甲等。

防治方法:播种前进行土壤消毒,用药剂拌种;在低龄幼虫期,用杀虫剂喷杀;高龄幼虫用毒饵诱杀;成虫用灯光诱杀。

2.茎干害虫　如天牛、玉米螟等。

防治方法:将寄主药用植物的秸秆集中烧毁,消灭越冬虫口;用 40％氧化乐果、10％杀灭菊酯等喷杀。

3.叶部害虫　如蚜虫、介壳虫、叶蝉、蜻类、螨类、蛾类、蝶类等。

防治方法:保护和利用天敌,以虫治虫,如七星瓢虫、食蚜蝇等;用灯光诱杀成虫;选用内吸剂和触杀剂农药,如 70％灭蚜松、40％氧化乐果、3％久效磷等。

第二节　病虫害防治方法

一、药用植物病虫害防治的一般原则

药材不同于粮食和蔬菜,它是用来防病治病的,因此药材的质量尤为重要,不仅要求有效成分含量高,而且不能因病虫害防治等使用含有对人体有害的物质。

对于药用植物病虫害的防治,首先要了解发病的原因和病虫害的种类,掌握病虫害发生发展的规律,贯彻"预防为主,综合防治"的方针;其次要全面考虑,趋利而避害,既要提高药用植物的产量和质量,又要减少环境污染,尤其要防止毒物残留危害机体。

二、植物检疫

植物检疫(plant quarantine)是依据国家法规,对植物及其产品进行检验处理,防治检疫性有害生物通过人为传播进出境并进一步扩散蔓延的一种植物保护措施。根据国务院发布的《植物检疫条例》(1992 年 5 月 13 日国务院第 98 号令发布)和农业部发布的《植物检疫条例实施细则(农业部分)》(1995 年 2 月 25 日农业部第 5 号令发布)规定,设立植物检疫机构,对植物检疫对象进行病虫害的检验,以防止威胁性病虫害检疫对象传入和带出。根据农发〔1995〕10 号文件公布的全国植物检疫对象和应施检疫的植物、植物产品名单,中药材被明确列入植物检疫对象。因此,在引种、种苗调运过程中,应进行必要的检查。对带有危险性病虫害的种苗,严禁输出或调入,同时采取有效措施消灭或封锁在本地区内,防止扩大蔓延。植物检疫是防治病虫害的一项重要的预防性和保护性措施。

三、农业防治

农业防治就是综合运用栽培管理技术措施来控制和消灭病虫害,常用的农业防治方法有以下几种:①合理轮作与间作;②深耕细作,清洁田园;③选育抗病抗虫品种;④调节播种期,合理施肥。

四、生物防治

1.以虫(捕食性益虫和寄生性益虫)治虫,如瓢虫食蚜虫,赤眼蜂寄生玉米螟等。

2.以菌(杀螟杆菌、苏云金杆菌、白僵菌等)治虫。

五、化学防治

应用化学农药防治虫害的方法,称为化学防治法(chemical control)。其优点是作用快、效果好、应用方便,能在短期内消灭或控制大量发生的虫害,受地区性或季节性限制比较小,是防治虫害常用的一种方法。但如果长期使用,害虫易产生抗药性,同时杀伤天敌,往往造成害虫猖獗;有机农药毒性较大,有残毒,会污染环境,影响人畜健康。尤其是药用植物,大多数都是内服药品,存在农药残毒问题,必须严加注意,禁止使用毒性大或有残毒的药剂,对一些毒性小或易降解的农药,要严格掌握施药时期,防止污染植物。对于使用农药后,能使某些药用植物的有效成分含量降低而影响中药材品质的,亦应禁止使用。对有趋化性的黏虫、地老虎等成虫,用毒性糖醋液诱杀;对苗期杂食性害虫,用毒饵诱杀;对有些种子带有害虫的,采用药剂浸、拌种等方法,将害虫消灭在播种之前。

第六章　药用植物的采收与加工

第一节　药用植物的采收

一、采收期的确定

(一)采收期的选择原则

1.选择有效成分积累高峰期　当药用部位的产量变化不大时,选择有效成分含量最高的时期为最佳采收期。

2.药用部位有效成分总量值最大时为适宜采收期　当药用部位产量与有效成分含量高峰不一致时,以药用部位有效成分总量值最大时为适宜采收期。

(二)采收期的确定

药用植物的采收标准包含两方面的意义:一是指药用部位外部已达到固有的色泽和形态特征;二是品质已符合药用要求,即性味、成分已达到应有的标准。药用部位的成熟与植物生理上的成熟是不同的概念,前者是以合乎药用为标准,后者是以能延续植物生命为标准。

1.根及根茎类　一般在秋、冬季节植物地上部分将枯萎时及春初发芽前或刚露苗时采收,此时根及根茎中贮藏的营养物质最为丰富,通常有效成分含量也比较高。

2.茎木类　一般在秋、冬两季采收。

3.皮类　一般在春末夏初采收;少数在秋、冬两季采收;苦楝皮和肉桂在春季和秋季各采收一次。春末夏初时,树皮养分及液汁增多,形成层细胞分裂较快,皮部和木部容易剥离,伤口容易愈合。

4.叶类　多在植物光合作用旺盛期、开花前或果实未成熟前采收。

5.花类　一般不宜在花完全盛开后采收。在含苞待放时采收,如金银花、槐花等;在花初开时采收,如红花、洋金花等;在花盛开时采收,如菊花、番红花等。对于花期较长、花朵陆续开放的植物,应分批采收,以保证质量。

6.果实及种子类　果实类药材一般在自然成熟或接近成熟时采收,有的采收幼果,如枳实、青皮等。种子类药材需在果实成熟时采收。

7.全草类　多在植物充分生长、茎叶茂盛时采割,如青蒿、穿心莲等;有的在开花时采收,如荆芥、益母草、香薷等;茵陈春季采收的习称"绵茵陈",秋季采收的习称"茵陈蒿"。

8.藻、菌、地衣类　采收时间因药用部位不同而不同。茯苓在立秋后采收；冬虫夏草在夏初子座出土、孢子未发散时采收；海藻在夏、秋两季采捞；松萝全年均可采收。

(三)收获年限

药用植物的收获年限是指从播种(或栽植)到采收所经历的年数。收获年限的长短取决于以下因素：①植物特性，如木本或草本，一年生、二年生或多年生等。木本植物比草本植物的收获年限长，草本植物的收获年限一般与其生命周期一致。②环境条件，同一植物因南北气候或海拔高度的差异，采收年限往往不同。如红花在南方是二年收获，北方多为一年收获；三角叶黄连(雅连)在海拔 2000 m 以上栽培时，5 年以上收获，在海拔 1700～1800 m 栽培时，4 年即可采收。③药材的品质要求，收获年限短于该植物的生命周期，如川芎、附子、麦冬、白芷、浙贝母、姜等是多年生植物，药用部位的收获年限却为 1～2 年。

根据药用植物栽培的特点，可分为一年收获、二年收获、多年收获和连年收获。

1.一年收获的药用植物　一年收获的药用植物是指播种后当年收获的药用植物，大部分为一年生草本植物，少数为多年生草本植物或灌木。一般是春季播种，当年秋、冬季收获，如薏苡、紫苏、穿心莲、决明、芡实、鸡冠花等。少数为夏季播种，当年冬季收获，如牛膝、郁金、泽泻等。此外，一些热带或亚热带药用植物向北引种，由二年生、多年生草本或灌木变为一年收获，如姜、红花、蓖麻等。

2.二年收获的药用植物　二年收获的药用植物是指播种后次年收获的药用植物，一般实际生长期不足 2 周年，甚至不足 1 周年，故又叫越年收获或跨年收获。比较普遍的是秋季播种，次年夏季收获，如浙贝母、白芥、红花、川芎、延胡索、葫芦巴等。其次是春、夏、秋季播种，次年冬季收获，如白术、党参、当归、山药(用零余子播种)等。少数为冬季播种，次年夏季收获，如附子。

3.多年收获的药用植物　多年收获的药用植物是指播种后 3 年以上收获的药用植物，包括多年生草本植物与木本植物。其中 3 年收获的有川明参、芍药、百合、云木香、三七等；4～7 年收获的有黄连、牡丹、人参等；以树皮入药的木本则需10～30 年才收获，如杜仲、黄柏、厚朴、肉桂、苦楝皮等。

4.连年收获的药用植物　连年收获的药用植物是指播种后能连续收获多年的药用植物，多为以果实、种子或花入药的木本植物，如佛手、香橼、枣、山茱萸、使君子、巴豆、辛夷、金银花等。其次是以果实、种子、花、叶或全草入药的多年生草本植物，有的是播种后从当年开始就连年采收，如薄荷、旋覆花、菊花、马蓝等；有的则是播种后需 2 年以上才连年采收，如砂仁、草果、石斛、栝楼等。

二、采收方法

植物或入药部位不同，其采收方法也不同，采收方法恰当与否会直接影响药材的质量。药用植物的采收方法主要有挖掘、收割、采摘、击落、剥离、割伤等。

1. 挖掘 挖掘法主要用于收获根或地下茎。挖掘要选择好时机和土壤含水量，土壤过湿或过干都不利于挖掘根或地下茎。否则不仅费力，而且易损伤地下部分，降低药材的产量和品质，加工干燥不及时还易引起霉烂变质。

2. 收割 收割常用于采收全草、花、果实和种子，以及成熟度较一致的草本植物。其中全草类一年两收以上的药用植物，第 1～2 次收割时应留茬，以利于萌发新植株，并可提高下次收割的产量，如薄荷、瞿麦、柴胡等。采收花、果实、种子时，可根据具体情况齐地割下全株，也可以只割取花序或果穗。

3. 采摘 采摘法适用于成熟不一致的果实、种子和花的收获。由于它们的成熟时间不一致，因此只能分批采收。如果一次性收割完，药用部位成熟度不一致，品质就没有保证，也会给加工带来困难；如果待全部成熟后才收获，早熟的就会脱落、枯萎或质地变衰老，甚至不能入药，如辛夷花、杭菊花等。采摘果实、种子和花时要注意保护植株，不要损伤未成熟的部分，以免影响它们继续生长发育。一些果实、种子个体大，或枝条质脆易断，成熟时间虽较一致，但不易采用击落法采收的，也可采用采摘法收获，如佛手、枳壳、栀子、龙眼、连翘、香橼等。

4. 击落 树体高大的木本或藤本植物采收果实或种子时，用采摘法收获有困难，常采用击落法收获。击落时最好在树下垫上布围、草席等，以减轻损伤，且便于收集，同时要尽量减少对树体的损伤。

5. 剥离 剥离主要用于收获树皮或根皮，也叫剥皮。树皮与根皮的剥离方法略有差异，树皮的剥离方法又分为砍树剥皮、砍枝剥皮、活树部分剥皮和活树环状剥皮。

(1)砍树剥皮：先按规定长度剥下树干基部的树皮，然后伐树，一节一节地剥下树皮。一般每节树皮的长度为 67～100 cm。剥皮的方法是：按规定长度上下环状切割树皮，再从上圈切口垂直纵切至下圈切口，用刀从纵切口处左右拨动，使树皮与木质部分离，即可剥下树皮。进行林木更新的，伐树应留茬(桩)，以利于萌发新苗。不留茬的，还可挖掘根部剥皮入药，如厚朴、黄柏等。

(2)砍枝剥皮：每年轮换伐下部分大树枝剥皮，不必砍伐树木。采取砍枝剥皮法应将树木修剪成矮主干的树型，上部留 4～5 个主要分枝，每年伐去 1～2 个分枝，并让其萌发新枝来接替，这样每年都可以砍枝剥皮。

(3)活树部分剥皮：简称部分剥皮，其特点是不砍伐树干，只在树干上剥取部分树皮，但是不环状剥皮。由于输导组织仍能上下畅通，剥皮部位愈合快，数年后该处又可以剥皮。部分剥皮法有上下交错剥皮与条状剥皮两种。一般每处剥皮长度在80 cm以下，宽度不超过树围的1/3。由于部分剥皮法提供的药材量少，近年来已被活树环状剥皮法取代。

（4）活树环状剥皮：简称环剥，是近年来试验成功的剥皮方法。其特点是在活树上环状剥下树皮1～3 m，使之愈后长出新皮，数年后又可再行环剥。环剥后树皮能重新生长是靠残存的形成层细胞和恢复了分裂能力的木质部细胞分生新细胞，而产生愈伤组织，形成新的树皮。因此，环剥要选择气温较高的季节，几天内无降雨的天气，并且不要损伤木质部。

根皮的剥离：木本植物的粗壮树根与树干的剥皮方法相似，皮的长度是依实际情况而定的，故长短不一。灌木或草本植物的根部较细，剥离根皮的方法则与剥离树皮的方法不同：一种方法是用刀顺根纵切根皮，将根皮剥离；另一种方法是用木棒轻轻锤打根部，使根皮与木质部分离，然后抽去或剔除木质部，如牡丹皮、地骨皮、远志等。

6.割伤　树脂类药用植物如安息香、松树、白胶香、漆树等，常采用割伤树干的方法收集树脂。一般是在树干上凿出V形伤口，让树脂从伤口渗出，流入下端安放的容器中，收集起来经过加工即成药材。从果实中提取树脂的，也可采用割伤法进行收集。

第二节　药用植物的产地初加工

一、产地加工的目的和任务

1.降低或消除药物的毒性或副作用。

2.有利于储藏和保持有效成分。

3.便于有效成分煎出，有利于做成制剂。

4.改变或缓和药性。

5.纯净药材，除去杂质和非药用部分。

二、各类药材的产地加工方法

1.根茎类药材　此类药材采挖后，一般需洗净泥土，除去非药用部分，如须根、芦头等，然后按大小趁鲜切片、切块、切段，晒干或烘干即可，如丹参、白芷、前胡、葛根、柴胡、防己、虎杖、牛膝、漏芦、射干等。

对一些肉质性、含水量大的块根、鳞茎类药材，如百部、天冬、薤白等，干燥前先用沸水略烫一下，然后切片晾晒，则易干燥。有些药材如桔梗、半夏等，须趁鲜刮去外皮再晒干。明党参、北沙参应先入沸水烫一下,再刮去外皮,洗净晒干。对于含浆汁丰富、淀粉多的药材,如何首乌、生地、黄精、天麻等,采收后洗净,趁鲜蒸制,然后切片晒干或烘干。此外,有些药材需进行特殊产地加工,如浙贝母、白芍、元胡等。

2.皮类药材　一般在采集后趁鲜切成适合配方大小的块片,晒干即可。但有些品种采收后应先除去栓皮,如黄柏、椿树皮、刮丹皮等。厚朴、杜仲应先入沸水中微烫,取出堆放,让其"发汗",待内皮层变为紫褐色时,再蒸软,刮去栓皮,切成丝、块丁或卷成筒状,晒干或烘干。

3.花类药材　为了保持花类药材颜色鲜艳,花朵完整,此类药材采摘后,应置于通风处摊开阴干或低温迅速烘干,如玫瑰花、旋覆花、金银花、野菊花等。

4.叶、全草类药材　此类药材采收后,可趁鲜切成丝、段或扎成一定重量和大小的捆把晒干,如枇杷叶、石楠叶、仙鹤草、凤尾草等。对含芳香挥发性成分的药材,如荆芥、薄荷、藿香等,宜阴干,忌晒,以避免有效成分损失。

5.果实、籽仁类药材　一般采摘后直接干燥即可,但也有的需经过烘烤、烟熏等加工过程。如乌梅,采摘后分档,用火烘或焙干,然后闷2～3天,使其色变黑。杏仁应先除去果肉和果核,取出籽仁,晒干。山茱萸采摘后,放入沸水中煮5～10 min,捞出,捏出籽仁,然后将果肉洗净晒干。宣木瓜采摘后,趁鲜纵剖两瓣,置笼屉中蒸10～20 min后取出,切面向上,反复晾晒至干。

6.动物药材　此类药材多数捕捉后,用沸水烫死,然后晒干即可,如斑蝥、蝼蛄、土鳖虫等。全蝎用10%食盐水煮几分钟,捞起阴干。蜈蚣用两端较尖的竹片插入头尾部晒干,或用沸水烫死后晒干或烘干。蛤蚧捕获后,击毙,剖开腹部,除去内脏,擦净血(勿用水洗),用竹片将身体及四肢撑开,然后用白纸条缠尾并用其血粘贴在竹片上,以防尾部干后脱落,然后用微火烘干,两只合成一对。

第 2 篇　各　论

第七章　根及根茎类药用植物

第一节　桔梗的栽培技术

一、概述

桔梗为桔梗科植物桔梗 *Platycodon grandiflorum*（Jacq.）A. DC. 的干燥根，又名"大药"。本品性平，味苦、辛，具有宣肺、利咽、祛痰、排脓等功效。2020年版《中华人民共和国药典》（以下简称《中国药典》）记载，按干燥品计算，本品含桔梗皂苷 $D(C_{57}H_{92}O_{28})$ 不得少于0.10%。桔梗主产于山东、江苏、安徽、浙江、四川等省，全国各地均有分布。

二、形态特证

桔梗为多年生草本植物，全株光滑，高 40～50 cm，体内具白色乳汁。根肥大肉质，长圆锥形或圆柱形，外皮黄褐色或灰褐色。茎直立，上部稍分枝。叶近无柄，于茎中部及下部对生或 3～4 叶轮生；叶片卵状披针形，边缘有锐锯齿；上端的叶小而窄，互生。花单生或数朵呈疏生的总状花序；花萼钟状，先端 5 裂；花冠阔钟状，呈蓝色或蓝紫色，裂片 5 枚；雄蕊 5 枚，与花冠裂片互生；子房下位，柱头 5 裂，密被白色柔毛。蒴果呈倒卵形，先端 5 裂。种子多数，卵形，褐色或棕黑色，具光泽。花期 7～9 月，果期 8～10 月。

三、生长习性

桔梗对气候环境要求不严，以温和湿润、阳光充足、雨量充沛的环境为宜，能耐寒。土壤以土层深厚、肥沃、排水良好，富含腐殖质及磷、钾的中性类沙质壤土为佳，追施磷肥可以提高根的折干率。桔梗喜阳光、耐干旱，低洼、积水之地不宜种植。

种子在 10 ℃以上时开始发芽，发芽最适温度为 20～25 ℃，一年生种子俗称"娃娃籽"，发芽率为 50%～60%，生产上多用两年生种子，发芽率可达 85%左右，出芽快而齐。种子寿命为 1 年。

四、栽培技术

(一)选地整地

选择阳光充足、土层深厚、排水良好的沙质壤土地块栽培。选地后,每亩①施土杂肥或圈肥 3000 kg,加过磷酸钙和饼肥各 50 kg 或磷酸氢二铵 15 kg,均匀撒于地内,深耕土壤 35 cm,整平耙细,做 1 m 宽的平畦,长短依地形而定。

(二)繁殖方法

1.直播　生产中一般采用直播。桔梗种子细小,千粒重约 1.5 g,发芽率为85%左右,在温度 18～25 ℃、湿度足够的情况下,播后 10～15 天出苗。

(1)播种时期:可采用冬播或春播。冬播在 11 月至次年 1 月,春播在 3～4月,以冬播为好。

(2)播种方式:一般采用撒播方式。冬播时,将种子用潮湿的细沙土拌匀,撒于畦面上,用扫帚轻扫一遍,以不见种子为度(即覆土厚度 2.5～3 mm),稍作镇压。第二年春,出苗早齐。

春播时,要使出苗整齐,必须进行种子处理,或播后盖草保湿。处理方法:将种子置于 30 ℃温水中浸泡,浸泡约 8 h 后捞出,用湿布包上,放在 25～30 ℃的地方,用湿麻布盖好,进行催芽,每天用温水冲滤一次。约 5 天时间,种子萌动即可播种。播种方法同冬播,长期保持土壤湿润,一般 15 天左右出苗。每亩用种量约2.5 kg。

2.育苗移栽

(1)育苗:桔梗育苗移栽一般在 4～6 月,过早会因桔梗苗小而影响苗的质量,过晚会因苗大而影响移栽。

具体方法:选择既不在高坡也不在低洼的田块,最好选择排水良好的田块。土地要精耕细作,施足底肥,最好深翻 50 cm 以上,整好畦面,以利于干旱时喷灌水。播种时,将桔梗种子拌好细土均匀地撒播(一般每亩用种量为 10～12 kg),上面稍作镇压,覆盖杂草,保持土壤湿润,一般 10～12 天即可出苗。待出齐苗后,选择阴雨天除去覆盖物,以利于幼苗生长。

(2)移栽:于当年秋冬季至第二年春季萌芽前进行移栽,选择一年生直条桔梗苗,按大、小分级,分别栽植。移栽时,在整好的栽植地上按行距 20 cm 开深 25 cm的沟,然后将桔梗苗呈 75°角斜插于沟内,株距 6～8 cm,覆土压实,覆土应略高于苗头 3 cm 左右。

————————————

①　1 亩约等于 666.7 平方米。

（三）田间管理

1. 中耕除草、间苗与定苗　在桔梗出苗后进行除草。当苗长 4 片叶时，间去弱苗；当苗长 6～8 片叶时，按株距 4～9 cm 定苗。在干湿适宜时进行浅松土，经常保持土地疏松，田间无杂草。

2. 水肥管理　6～9 月是桔梗生长旺季，6 月下旬和 7 月应视植株生长情况适时追肥，肥种以人畜粪为主，配施少量磷肥和尿素。无论是直播还是育苗移栽，天旱时都应浇水。雨季田内积水，桔梗很易烂根，应注意排水。桔梗种植密度高，怕积水。因此，在高温多湿的梅雨季节，应及时清沟排水，防止积水导致烂根。

3. 打顶与摘花　桔梗花期长达 4 个月，开花对养分消耗相当大，不利于根部的生长，又易萌发侧枝。因此，摘花是提高桔梗产量的一项重要措施。一年生或二年生的非留种用植株一律除花，以减少养分消耗，促进地下根的生长。在盛花期喷施 1 mL/L 的乙烯利一次，可基本上达到除花目的，产量比不喷施者可增加45％。二年生留种植株于苗高 10 cm 时进行打顶，以增加果实的种子数和种子饱满度，提高种子产量和质量。

（四）病虫害防治

1. 根腐病　为害桔梗根部，受害根部出现黑褐色斑点，后期腐烂甚至全株枯死。

防治方法：用多菌灵 1000 倍液浇灌病区。雨后注意排水，田间不宜过湿。

2. 根结线虫病　受害时根部有瘤状突起，地上茎叶早枯。

防治方法：可于播前用二溴氯丙烷进行土壤消毒。

3. 紫纹羽病　受害根部初期变红，密布网状红褐色菌丝，后期形成绿豆大小、紫褐色菌核，茎叶枯萎死亡。

防治方法：忌连作，拔除病株并烧毁，病穴用石灰水消毒。

4. 白粉病　主要为害叶片。发病时，病叶上布满灰粉末，严重时致全株枯萎。

防治方法：发病初用 0.3 波美度石硫合剂或白粉净 500 倍液喷施或用 20％粉锈宁 1800 倍液喷洒。

5. 蚜虫　在嫩叶和新梢上吸取汁液，导致叶片发黄，植株萎缩，生长不良。6～7 月危害严重。

防治方法：用 40％乐果 1500～2000 倍液喷施，每 7～10 天喷一次，连续喷 3次即可。

6. 拟地甲　为害根部。

防治方法：可在 5～6 月幼虫期用 90％敌百虫（美曲膦酯）800 倍液或 50％辛硫磷 1000 倍液喷杀。此外，尚有蝼蛄、地老虎和蛴螬等害虫为害根部，可用敌百虫毒饵对它们进行诱杀。

五、采收与产地加工

(一)采收

播种2~3年或移栽当年可收获。桔梗一般在秋末或春季萌芽前采挖。以秋季采收者质地坚实,质量为佳。当地上茎叶枯萎时即可采收,采收过早根部尚未充实,折干率低,影响产量;采收过迟不易剥皮。

(二)产地加工

挖取根条,去净泥土、芦头,除去须根,浸水中趁鲜用碗片、木棱或竹刀刮去外皮,洗净,然后晒干或烘干。晒干时要经常翻动,接近干时堆起来发汗一天,使内部水分外渗,再晒至全干,即成商品。断面以色白或略带微黄、具菊花纹者为佳。

(三)商品规格

国家医药管理局、卫生部于1984年3月制定了《七十六种药材商品规格标准》,将桔梗商品分为南桔梗和北桔梗,南桔梗有3个等级,北桔梗为统货。

1.南桔梗　主产于安徽、江苏和浙江。商品分为三等。

一等:干货。呈顺直的长条形,去净粗皮及细梢。表面白色。体坚实。断面皮层白色,中间淡黄色。味甘苦辛。上部直径1.4 cm以上,长14 cm以上。无杂质、虫蛀、霉变。

二等:干货。呈顺直的长条形,去净粗皮及细梢。表面白色。体坚实。断面皮层白色,中间淡黄色。味甘苦辛。上部直径1 cm以上,长12 cm以上。无杂质、虫蛀、霉变。

三等:干货。呈顺直的长条形,去净粗皮及细梢。表面白色。体坚实。断面皮层白色,中间淡黄色。味甘后苦。上部直径不小于0.5 cm,长度不低于7 cm。无杂质、虫蛀、霉变。

2.北桔梗　主产于河北、山东、山西、内蒙古及东北各省。

商品为统货,干货。呈纺锤形或圆柱形,多细长弯曲,有分枝。去净粗皮。表面白色或淡黄白色。体松泡。断面皮层白色,中间淡黄白色。味甘。大小长短不分,上部直径不小于0.5 cm。无杂质、虫蛀、霉变。

第二节　白芍的栽培技术

一、概述

白芍为毛茛科植物芍药 *Paeonia lactiflora* Pall. 的干燥根,味苦、酸,性微寒,归肝、脾经,具有平肝止痛、养血调经、敛阴止汗等功效。《中国药典》记载,按干燥品计算,本品含芍药苷($C_{23}H_{28}O_{11}$)不得少于 1.6%。白芍主产于浙江东阳、安徽亳州、四川中江、山东菏泽等地,分别称为杭白芍、亳白芍、川白芍和菏泽白芍;以安徽亳州产量最大,浙江产者质量最佳。

二、形态特证

芍药为多年生草本植物,高 40～80 cm,根粗壮,常呈圆柱形,外皮棕褐色。茎直立,圆柱形,上部略分枝,淡绿色,略带淡红色。叶互生,下部叶为二回三出复叶,上部叶为三出复叶,小叶片长卵圆形至披针形,先端渐尖,基部楔形或偏斜,全缘,边缘具骨质白色小齿。叶柄较长。花数朵,生于花枝的顶端或叶腋,花大,白色或粉红色。种子黑褐色,椭圆状球形或倒卵形。花期 5～7 月,果期 6～8 月。

三、生长习性

芍药喜温暖湿润气候,耐严寒,以排水良好、土层深厚、疏松肥沃的沙质壤土和富含腐殖质的壤土为佳,盐碱土、黏土及低洼地不宜栽培。芍药喜阳光充足,背阴地或隐蔽度大会导致生长不良,产量不高。忌连作,可与红花、菊花、紫菀或豆科作物等轮作。

四、栽培技术

(一)选地整地

一般宜选择土层深厚、排水良好、疏松肥沃的沙质壤土种植。芍药是深根植物,栽后需经 3～4 年才收获,故栽种前一定要精耕细耙,前作收获后,将土壤深翻40 cm 以上,进行烤坯。栽种前施足基肥,每亩施入土杂肥 1000 kg、饼肥 100 kg、过磷酸钙 50 kg,再浅耕一次,整细耙平,做成宽 1.3 m 的高畦。畦沟宽 30 cm、深20 cm,四周开好排水沟。

(二)繁殖方法

1.分根繁殖　在收获时,先把芍药根部从芽头着生处全部割下,加工药用,所遗留的即为芽头。选形状粗大、不空心、无病虫害的芽头,按其大小和芽的多少切成数块,每块应有芽苞 2～3 个,用作种苗。一般 1 亩白芍所得的芍芽可栽 4～5亩,种芽最好能随切随栽,提高成活率。如不能随时栽种,可不切开分块,将整个芽头沙藏备用。

2.种子繁殖　白芍种子一般 8～9 月成熟,将健壮的种子采下,随即播种。或用湿沙混拌贮藏至 9 月中下旬播种,不能晒干,否则不出苗。在整好的畦上开沟条播,沟深 3 cm,将种子均匀撒入沟内,覆土踏实,再盖土 6～10 cm 厚,每亩播种量 3.5～4 kg。第二年 5 月上旬去掉盖土,半月后即可出苗,幼苗生长 2～3 年后定植。

3. 栽种　宜于 8～10 月栽种。栽前将芍芽按大小分级后分别下种,有利于出苗整齐。按行距 60 cm、株距 40 cm 挖穴栽种。穴内要撒施毒饵,防治地下害虫。毒饵与底土拌匀后,每穴栽芍芽 1～2 个,芽头向上摆于正中,然后覆土,并稍高出畦面,呈馒头状,最后顺行培垄,防寒越冬。每亩栽种 2200～2500 株。

(三)田间管理

1. 中耕除草　栽后第二年早春开始中耕除草,尤其是一年生和二年生幼苗,要见草就除,防止草害。中耕宜浅不宜深,要做到不伤根。

2. 追肥　芍药喜肥,除施足基肥外,应于栽后第二年开始每年至少追肥 3 次。3 月结合中耕除草,每亩施人畜粪水 1500 kg,5～6 月每亩施人畜粪水 2000 kg,12 月每亩施人畜粪水 2000 kg 加饼肥 20 kg。从第三年开始,每次施肥时要加施过磷酸钙和饼肥各 15～20 kg。在 5～6 月白芍生长旺期和开花期,可用 0.3% 磷酸二氢钾溶液进行根外追肥,增产效果比较明显。

3. 排灌水　严重干旱时应适当灌溉。多雨季节应注意排除田间积水,以免引起烂根。

4. 培土与亮根　每年 10 月下旬,将白芍的枯死枝叶剪去,并于根际培土约 15 cm 厚,以保护芽头不受损害,保障其安全越冬。从栽后第二年冬季开始,每年当芍芽长出土层 3.3～6.6 cm 高时,把根部的土壤扒开,使根部露出一半,晾晒 7～10 天,晒死部分须根,使养分集中于主根,促进其生长。

5. 摘花蕾　除留种植株外,在第二年春季现蕾时,摘除全部花蕾,使养分集中于根部,促进根部生长,有利于增产。

(四)病虫害防治

1. 白绢病　感染病株的基部先发生黑褐色坏死,在潮湿条件下,土表和植株基部出现白色菌丝体,最终植株腐烂死亡。

防治方法:整地时每亩用 1 kg 五氯硝基苯,翻入地内,进行土壤消毒;拔除病株并在病穴内撒施石灰粉;发病前,定期喷 50% 多菌灵可湿性粉剂 500 倍液。

2. 锈病　主要为害叶片,5 月上旬发病,7 月或 8 月严重。发病时叶背生有黄色至黄褐色的颗粒状物,后期叶背在夏孢子堆里长出暗褐色的刺毛状物。

防治方法:①选地势高燥、排水良好的土地栽培。②消灭病株。③发病初期喷 0.3～0.4 波美度石硫合剂或 97% 敌锈钠 400 倍液,每 7～10 天喷一次,连续喷多次。

3. 叶斑病　常发生在夏季,主要为害叶片,病株叶片早落,生长衰弱。

防治方法:①及时清除病叶。②发病前用 1∶1∶100 倍波尔多液(按 1 kg 硫酸铜、1 kg 生石灰、100 kg 水的比例配制而成)或 50％退菌特 800 倍液喷洒,每7~10 天喷一次,连续喷多次。

4. 根腐病　多发于夏季多雨积水时,为害根部。

防治方法:①选择健壮的芍芽做种。②发病初期用 50％多菌灵 800~1000 倍液灌根。

5. 虫害　主要有蛴螬、地老虎等,为害根部,5~9 月发生。

防治方法:用 90％敌百虫 1000~1500 倍液浇灌根部杀虫,也可用甲拌磷对水拌菜籽饼粉于傍晚撒施诱杀。

此外,白芍病害还有灰霉病、软腐病等,可采用增施磷钾肥的方法,增强植株的抗病力。灰霉病可在发病初期用 12％绿乳铜 600 倍液防治,或每亩用 15％粉锈宁 0.15~0.2 kg 对水 60 kg 防治。软腐病可用 10％福尔马林或石硫合剂喷洒消毒。

五、采收与产地加工

(一)采收

白芍栽植后 3~4 年可收获,安徽多在 8~9 月间采收。采收过早会影响产量,采收过迟根内淀粉转化,干燥后不坚实,重量减轻。选择晴天割去茎叶,挖出全根,抖去泥土,切下芍根。

(二)产地加工

在夏、秋二季采挖,洗净,除去头尾和细根,置沸水中煮后除去外皮,或去皮后再煮,晒干。

1. 煮后去皮　将采挖的白芍洗净,按大小分档,先放到开水中煮 5~15 min。煮后取出并立即放在冷水里,用竹片或玻璃片刮去褐色表皮,然后切段晒干或切片晒干。

2. 去皮后煮

(1)擦皮:即擦去芍根外皮。将截成条的芍根装入箩筐内浸泡 1~2 h,然后放入木床中,在床中加入黄沙,用木耙来回搓擦,或用人工刮皮,使白芍根条的皮全部脱落,用水冲洗后浸于清水缸中。

(2)煮芍:将锅水烧至 80 ℃左右,把芍条从清水缸中捞出并放入锅中,每次10~29 kg,放在锅内煮沸 20~30 min,具体时间根据芍条大小而定。煮时上下翻动,锅水以浸没芍根为宜。注意煮过芍条的水不能再次使用,必须每锅换水。

(3)干燥:煮好的芍条必须马上捞出,置于阳光下摊开暴晒 1~2 h,以后逐渐把芍条堆厚暴晒,使表皮慢慢收缩。晒时经常翻动,连续晒 3~4 天,以后中午阳光过强时用晒席反盖,下午 3~4 点时再摊开晾晒,一直晒至能敲出清脆响声时,收回室内,堆置 2～3 天后,再晒 1～2 天即可全干。

(三)商品规格

加工好的白芍以质坚、粉性足、表面光滑、白色、无霉点者为佳。根据《七十六种药材商品规格标准》,将白芍等级划分如下。

1. 白芍

一等:干货。呈圆柱形,直或稍弯,去净栓皮,两端整齐,表面类白色或淡红棕色,质坚实,体重。断面类白色或白色。味微苦、酸。长 8 cm 以上,中部直径 1.7 cm 以上。无芦头、花麻点、破皮、裂口、夹生、杂质、虫蛀、霉变。

二等:干货。长 6 cm 以上,中部直径 1.3 cm 以上。间有花麻点;无芦头、破皮、裂口、夹生、杂质、虫蛀、霉变。余同一等。

三等:干货。长 4 cm 以上,中部直径 0.8 cm 以上。间有花麻点;无芦头、破皮、裂口、夹生、杂质、虫蛀、霉变。余同一等。

四等:干货。呈圆柱形。表面类白色或淡红棕色。断面类白色或白色。味微苦、酸。长短粗细不分,兼有夹生、破条、花麻点、头尾、碎节或未去净栓皮。无枯芍、芦头、杂质、虫蛀、霉变。

2. 杭白芍

一等:干货。呈圆柱形,条直,两端切平。表面棕红色或微黄色。质坚,体重。断面米黄色。味微苦、酸。长 8 cm 以上,中部直径 2.2 cm 以上。无枯芍、芦头、栓皮、空心、杂质、虫蛀、霉变。

二等:干货。呈圆柱形,条直,两端切平。表面棕红色或微黄色。质坚,体重。断面米白色。味微苦、酸。长 8 cm 以上,中部直径 1.8 cm 以上。无枯芍、芦头、栓皮、空心、杂质、虫蛀、霉变。

三等:干货。呈圆柱形,条直,两端切平。表面棕红色或微黄色。质坚,体重。断面米白色。味微苦、酸。长 8 cm 以上,中部直径 1.5 cm 以上。无枯芍、芦头、栓皮、空心、杂质、虫蛀、霉变。

四等:干货。呈圆柱形,条直,两端切平。表面棕红色或微黄色。质坚,体重。断面米白色。味微苦、酸。长 7 cm 以上,中部直径 1.2 cm 以上。无枯芍、芦头、栓皮、空心、杂质、虫蛀、霉变。

五等:干货。呈圆柱形,条直,两端切平。表皮棕红色或微黄色。质坚,体重。断面米白色。味微苦、酸。长 7 cm 以上,中部直径 0.9 cm 以上。无枯芍、芦头、栓皮、空心、杂质、虫蛀、霉变。

六等:干货。呈圆柱形,表面棕红色或微黄色。质坚,体重。断面米白色。味微苦、酸。长短不分,中部直径 0.8 cm 以上。无枯芍、芦头、栓皮、杂质、虫蛀、霉变。

七等:干货。呈圆柱形,表面棕红色或微黄色。质坚,体重。断面米白色。味微苦、酸。长短不分,直径 0.5 cm 以上。间有夹生、伤疤;无梢尾、枯心、芦头、栓皮、杂质、虫蛀、霉变。

第三节　白芷的栽培技术

一、概述

白芷为伞形科植物白芷 *Angelica dahurica*（Fisch. ex Hoffm.）Benth. et Hook. f. 或杭白芷 *Angelica dahurica*（Fisch. ex Hoffm.）Benth. et Hook. f. var. *Formosana*（Boiss.）Shan et Yuan 的干燥根,性温、味辛,具有散风除湿、通窍止痛、消肿排脓的功效。《中国药典》记载,按干燥品计算,本品含欧前胡素（$C_{16}H_{14}O_4$）不得少于 0.080%。主产于河南长葛、禹州者习称"禹白芷";主产于河北安国者习称"祁白芷";主产于浙江、福建和四川等省者习称"杭白芷"和"川白芷"。白芷在我国南北地区广泛栽培。

二、形态特征

白芷为多年生草本植物,株高 1～2.5 m。根粗大,长圆锥形,有香气。茎粗大,圆柱形,中空,常带紫色,有纵沟纹。茎下部叶羽状分裂,互生叶柄下部成囊状膨大的膜质鞘。复伞形花序,伞幅通常为 18～40 个,总苞片 5～10 枚或更多;花小,花瓣 5 枚,白色,先端内凹。双悬果扁平,方椭圆形,黄褐色,有时带紫色;分果具 5 棱,侧棱有宽翅。花期 6～7 月,果期 7～9 月。

三、生长习性

白芷喜温暖湿润气候,耐寒,适应性较强,幼苗能耐 $-8～-6$ ℃的低温。喜阳光充足的环境,在荫蔽的地方生长不良。白芷是深根性植物,喜土层深厚、疏松、肥沃、含腐殖质多的沙壤土,在土层浅薄或石砾过多的土壤种植时,植株主根分叉多,品质较差。

白芷种子发芽率较低,发芽适温为 10～25 ℃的变温,光照有促进种子发芽的作用。种子寿命为 1 年。

四、栽培技术

(一)选地整地

白芷为深根性植物,宜选土层深厚、肥力中等、排水良好的沙质壤土种植。前作以禾本科作物为宜,不宜与花生、豆类作物轮作。每亩施农家肥 2000～3000 kg,配施 50 kg 过磷酸钙,深翻 30 cm,耙细整平,做成 1.2 m 宽的平畦或高畦,可视地形而定。

(二)繁殖方法

1. 播种时期　秋播和春播均可,以秋播为好,一般于 9～10 月播种。

2. 播种方式　多采用直播方式。

3. 播种方法　用种子繁殖,条播按行距 35 cm 开浅沟播种;穴播按穴距(15～20) cm×30 cm 开穴播种,播后盖薄土,压实,播后 15～20 天就可出苗。每亩用种量:条播的约 1.5 kg;穴播的约 1 kg。如播种前用 2% 磷酸二氢钾水溶液喷洒在种子上,搅拌,闷润 8 h 左右后再播种,能提早出苗和大大提高出苗率。

4. 留种技术　有原地留种和选苗留种两种方法。

(1)原地留种法:即在收获时,留部分植株不挖,翌年 5～6 月抽薹开花结籽后收种。此法所得种子质量较差。

(2)选苗留种法:在采挖白芷时,选主根直、中等大小的无病虫害的根作种根,按行株距 80 cm×40 cm 开穴另行种植、移栽,每穴栽种根 1 株,覆土约 5 cm,9 月出苗后加强除草、施肥、培土等田间管理。第二年 5 月抽薹后及时培土,以防倒伏。7 月后种子陆续成熟时分期分批采收。采收方法是:待种子变成黄绿色时,选侧枝上结的种子,分批剪下种穗,挂在通风处阴干,轻轻搓下种子,去杂后置于通风干燥处贮藏。主茎顶端结的种子易早抽薹,不宜采收,或在开花时就打掉。

(三)田间管理

1. 间苗与定苗　待第二年春苗高 5 cm 左右时开始间苗,一般进行 2 次,苗高 15 cm 时定苗,条播者按株距 12～15 cm 定苗;穴播者按每穴留壮苗 1～3 株。除去特大苗,以防提早抽薹。

2. 中耕除草　每次间苗时都应结合中耕除草,先浅松表土,以后逐渐加深。待植株封行后,停止中耕。

3. 追肥　一般追肥 3～4 次,常在间苗、定苗后和封行前进行。肥种以腐熟的人粪尿、饼肥等为主,先淡后浓,最后一次封行前追肥后,要及时培土,以防倒伏。

4. 灌水与排水　播种后若土壤干燥,应浇水一次,以后保持幼苗出土前畦面湿润,以利于出苗。定苗后应少浇多中耕,促使白芷根部向下生长。雨后注意排水。

(四)病虫害防治

1. 斑枯病　主要为害叶片。初期病斑为暗绿色,后扩大成为灰白色大斑,病叶上出现小黑点,最后叶片枯死。一般 5 月初开始发病,直至收获,危害时间较长,是白芷的重要病害。

防治方法:清除病残组织,集中烧毁;发病初期用 1:1:100 倍波尔多液或 65％代森锌可湿性粉剂 400～500 倍液喷雾。

2.紫纹羽病　为害主根。发病初期为白线状物缠绕在根上,后期变为紫红色,互相交织成为一层菌膜。病根自表皮向内腐烂,最后全部烂光。

防治方法:发现病株及时挖除,并在病穴内及周围植株撒上石灰粉,以防蔓延;雨季及时疏沟排水,降低田间湿度;整地时每亩用 50％退菌特 2 kg 加草木灰 20 kg,混合拌匀后施入土中进行土壤消毒。

3.黄凤蝶　以幼虫为害叶片。

防治方法:结合冬季清园工作,捕杀过冬虫蛹;用 90％敌百虫 1500 倍液喷杀。

五、采收与产地加工

(一)采收

播种时间不同,收获期各异。春播的在大暑至立秋期间收获。秋播的在处暑前后当茎叶开始枯黄时收获。采收过早,植株尚在生长,根部营养不足;采收过迟,易发新芽,影响质量,药用价值降低。采收应选晴天进行,先割去地上部分,然后挖出全根,抖去泥土,运回加工。一般每亩可产干货 300 kg 左右,高产时可超过 500 kg。

(二)产地加工

白芷肉质根含大量淀粉,一般不易晒干,若遇阴雨天气,采用低温烘干的方法。敲打时有清脆的响声表示白芷已经干透。

(三)商品规格

一等:干货。呈圆锥形。表面灰白色或黄白色。体坚。断面白色或黄白色,具粉性。有香气,味辛微苦。每千克 36 支以内。无空心、黑心、芦头、油条、杂质、虫蛀、霉变。

二等:干货。呈圆锥形。表面灰白色或黄白色。体坚。断面白色或黄白色,具粉性。有香气,味辛微苦。每千克 60 支以内。无空心、黑心、芦头、油条、杂质、虫蛀、霉变。

三等:干货。呈圆锥形。表面灰白色或白黄色。具粉性。有香气,味辛微苦。每千克 60 支以上,顶端直径不得小于 0.7 cm。间有白芷尾、黑心、异状、油条,但总数不得超过 20％;无杂质、霉变。

第四节 天麻的栽培技术

一、概述

天麻为兰科植物天麻 *Gastrodia elata* Bl. 的干燥块茎,性平、味甘,具有平肝息风、止痉的功效,主治头晕、偏正头痛、四肢痉挛、手脚麻木、半身不遂、小儿惊风等。《中国药典》记载,按干燥品计算,本品含天麻素($C_{13}H_{18}O_{18}$)不得少于0.20%。天麻主产于四川、云南、贵州、陕西、湖北、安徽等省,东北及华北各地亦产。现全国各地均有引种栽培。

二、形态特征

天麻为多年生草本植物,无根,无绿色叶,株高 30～150 cm。块茎肉质肥厚,椭圆形,外表淡黄色,有均匀的环节,节处有膜质鳞片和不明显的芽眼。顶生红色混合芽者称箭麻,无明显顶芽者称白麻或米麻。茎单一,圆柱形,黄红色,有白色条斑,退化了的鳞片叶膜质,互生,浅褐色。总状花序顶生,苞片膜质;花淡黄绿色,两性;合蕊柱,花药 2 室,块状,居顶端,药盖帽状;子房下位,柄扭转呈黄褐色。蒴果长圆形,浅红色,具 6 条纵缝线,种子多而细小,粉末状,呈纺锤形或弯月形。花期 5～6 月,果期 6～7 月。

三、生长习性

天麻喜凉爽湿润的环境,耐寒,怕高温。多野生于腐殖质较多而湿润的阔叶林下,向阳灌丛及草坡亦有。须与口蘑科真菌蜜环菌和紫萁小菇共生,才能使种子萌芽,形成圆球茎,并生长成天麻块茎。紫萁小菇为种子萌发提供营养,蜜环菌为原球茎长成天麻块茎提供营养。

20～25 ℃最适宜天麻生长,30 ℃以上天麻生长受抑制。春季距地面 15 cm处地温达 10 ℃以上时,天麻芽头开始萌动,并开始繁殖子麻。6～7 月生长迅速,9月生长减慢,10 月下旬地温降到 10 ℃以下时进入休眠状态。

天麻无根,无叶绿素,必须依靠蜜环菌来提供营养。天麻与蜜环菌是营养共生关系。蜜环菌菌索侵入天麻块茎的表皮组织,菌索顶端破裂,菌丝侵入皮层薄壁细胞,将表皮细胞分解吸收,菌丝继续向内部伸展,而菌丝反被天麻消化层细胞分解吸收,供天麻生长。

四、栽培技术

(一)选地整地

天麻宜选半阴的富含有机质的缓坡地栽种,土质以疏松、排水良好的沙壤土或沙土,尤以生荒地为好。土壤 pH 以 5～6 为宜。忌黏土和涝洼积水地,忌重茬。此外,还可充分利用一切空闲地、树林、室内外大棚、木箱、竹筐、防空洞、地下室、编织袋、花盆、塑料袋等进行栽培。选择好地块,于栽前 2～3 个月挖深 30～50 cm、宽 60 cm、长度据地形而定的窝,窝底松土整平。

(二)繁殖方法

主要用块茎繁殖,也可用种子繁殖。

1. 块茎繁殖

(1)材料准备。准备菌材:提前 1 个月砍伐树木,常用壳斗科的青冈、槲栎、栓皮栎、毛栗等,以树皮厚、本质坚硬、耐腐性强的阔叶树为好。此外,杨柳、刺槐、槐树等亦可。蜜环菌生命力强,可在 600 多种树木上生长。将选好的木材锯成 40～50 cm 长的木棒,树皮砍成鱼鳞口,用接种过蜜环菌的菌棒或上一年的菌材进行接种。此外还要准备细河沙和树叶,有条件的可配制营养液。

(2)栽培时期及方法:当地温为 5～10 ℃时可以种植天麻,一般在 10 月至次年的 5 月左右。栽培时先做菌床,窝底铺放一层沙及干树叶或腐殖质土,用处理好的新木棒与带蜜环菌的木材(菌材)间隔摆一层,相邻两棒间的距离为 6～7 cm,中间可夹些阔叶树的树枝,用腐殖质土填实空隙,再覆土 3～4 cm。按同法摆第二层,上覆土 10 cm。保持窝内湿润,上盖杂草遮阴降温保湿,使蜜环菌正常生长,即成菌床。新木棒接种后成为菌棒。

选无病斑、无冻害、不腐烂的白麻和米麻作种栽,以白麻为好。栽植时,把种麻平行摆放在菌材间的沟内,紧靠菌棒,白麻每隔 10 cm 放一个,米麻每隔 5 cm 放一个,太小的米粒大的米麻撒播。种后用腐殖质土填平空隙,再盖土 3 cm,以不见底层菌材为宜。按同法栽第二层,最后覆土 10～15 cm,上盖一层树叶杂草,保持土壤湿润,越冬期间加厚覆土层,以防冻害。

2. 种子繁殖　选择重 100 g 以上的箭麻,可于采收后栽于屋前或屋后,按上述栽培方法进行。抽薹时要防止阳光照射,开花时要进行人工授粉。授粉时间可选晴天上午 10 点左右,待药帽盖边缘微现花时进行,用毛笔或带橡皮的铅笔进行授粉。授粉后用塑料袋套住果穗,当下部果实有少量种子散出时,由下而上随熟随收。天麻抽薹后可用树枝或木板绑缚固定茎秆,防止倒伏。

天麻种子寿命短,采下的蒴果应及时播种。播种前将天麻萌发菌(紫萁小菇)从培养瓶中取出并放入盆内,每窝用菌种 2～3 瓶,接种于壳斗科植物的落叶上成为菌叶。菌叶干燥时,需洒一点清水拌湿。拌种时将天麻种子从蒴果中抖出,轻而均匀地撒在菌叶上,边撒边拌。播种量不宜过大或过小,每 10 根菌材可播蒴果 8~10 个。播种时,将菌床上层菌材取出,扒出下层菌材上的土,将枯落潮湿的树叶撒在下层菌材上,稍压平,将拌过的菌叶和种子均匀地撒在树叶上,上盖一薄层潮湿落叶,再播第二层种子,覆土 3 cm,再盖一层潮湿树叶,放入上层菌材,最后覆土 10~15 cm。若种植得当,第二年秋季可收获一部分箭麻、白麻、子麻和大量的米麻,可作为块茎繁殖的种栽。

(三)田间管理

1.光照　温度超过 35 ℃时天麻生长困难,6~8 月高温期,应搭棚或间作高秆作物遮阴,防止温度过高。春、秋季节,应接受必要的日光照射,以保持一定的温度。

2.灌水与排水　雨季到来之前,清理好排水沟,及时排除积水,以防块茎腐烂。窝内干燥时要注意少量多次浇水保湿。

3.越冬管理　越冬前加厚覆土,并加盖树叶防冻。

(四)病虫害防治

1.腐烂病　由多种病因引起,俗称“烂窝病”。杂菌感染是导致天麻腐烂病的病因之一。

防治方法:选择排水良好的地块栽培天麻;忌用原窖连栽;选用无病斑、无冻害、不腐烂的种麻;纯化菌种,使菌材无杂菌感染,菌材间隙要填好;注意雨季排水。

2.蛴螬　幼虫咬断茎秆或蛀食天麻根,造成断茎和根部空洞。
防治方法:①用灯光诱杀成虫。②用 90％敌百虫 800 倍液、75％辛硫磷乳油 700 倍液浇灌。

3.蝼蛄　成虫和若虫为害天麻块茎。被害天麻断面处呈麻丝状。
防治方法:①用灯光诱杀成虫。②用 90％敌百虫 1000 倍或 75％辛硫磷乳油 700 倍液浇灌。③用 0.025 kg 氯丹乳油拌炒香的麦麸 5 kg 加适量水配成毒饵,于傍晚撒于田间或畦面诱杀。

五、采收与产地加工

(一)采收

一般于初冬或早春进行采挖。先扒开土表,取出菌材,收取天麻,并进行分级,收大留小。采收后在空隙处覆盖树叶,让小的米麻继续生长。

(二)产地加工

天麻挖后去掉地上茎,洗去泥土,擦去粗皮,按大小分 3~4 个等级,将分级的天麻洗净,放笼内蒸 10～20 min,以蒸至无白心为度,取出晾干水气,再继续用火烘至干燥。若是大天麻,烘时可在天麻上用针穿刺,使内部水分向外散发,待半干时压扁,停火发汗,再在 70 ℃下烘 2～3 天,直至全干即成。

也可采用先煮再干燥的方法。水开后在水中稍加一点明矾,然后把天麻投入水中,大的煮 10～15 min,小的煮 3～4 min,以能煮透心为准。

(三)商品规格

一等:干货。呈长椭圆形。扁缩弯曲,去净粗栓皮,表面黄白色,有横环纹,顶端有残留茎基或红黄色的枯芽。末端有圆盘状的凹脐形疤痕。质坚实、半透明。断面角质,牙白色。味甘微辛。每千克 26 支以内,无空心、枯炕、杂质、虫蛀、霉变。

二等:干货。呈长椭圆形。扁缩弯曲,去净栓皮,表面黄白色,有横环纹,顶端有残留茎基或红黄色的枯芽。末端有圆盘状的凹脐形疤痕。质坚实、半透明。断面角质,牙白色。味甘微辛。每千克 46 支以内,无空心、枯炕、杂质、虫蛀、霉变。

三等:干货。呈长椭圆形。扁缩弯曲,去净栓皮,表面黄白色,有横环纹,顶端有残留茎基或红黄色的枯芽。末端有圆盘状的凹脐形疤痕。质坚实、半透明。断面角质,牙白色或棕黄色,稍有空心。味甘微辛。每千克 90 支以内,大小均匀,无枯炕、杂质、虫蛀、霉变。

四等:干货。每千克 90 支以上。凡不符合一、二、三等的碎块、空心及未去皮者均属此等。无芦茎、杂质、虫蛀、霉变。

第五节　板蓝根的栽培技术

一、概述

板蓝根为十字花科植物菘蓝 *Isatis indigotica* Fort. 的干燥根,性寒、味苦,具有清热解毒、凉血利咽的功效。《中国药典》记载,按干燥品计算,本品含(R,S)-告依春(C_5H_7NOS)不得少于 0.020％。板蓝根主产于河北、江苏、安徽、甘肃、山西等地,我国南北各地均可种植。

二、形态特征

菘蓝为二年生草本植物,株高 40～120 cm。主根深长,圆柱形,外皮灰黄色。茎直立,上部多分枝,光滑无毛,单叶互生,基生叶较大,具柄;叶片圆状椭圆形,茎生叶长圆形至长圆状倒披针形,基部垂耳状箭形半抱茎。复总状花序,花梗细长,花瓣 4 枚,花冠黄色。角果长圆形,扁平,边缘翅状,紫黑色,顶端圆钝或截形。种子1枚,椭圆形,褐色有光泽。花期4～5月,果期5～6月。

三、生长习性

板蓝根对气候和土壤条件的适应性较强,耐严寒,喜温暖向阳的环境,但怕水渍,除低洼积水地块和重黏土壤外,我国南北各地均可种植。种子容易萌发,15～30 ℃范围内均发芽良好,发芽率一般在80%以上。种子寿命为1～2年。

板蓝根正常生长发育过程中必须经过冬季低温阶段才能开花结籽,故生产上采用春播或夏播,当年收割叶子和挖取根部,避免其开花结果。

四、栽培技术

(一)选地整地

选地势平坦、排水良好、疏松肥沃的沙质壤土,于秋季深翻土壤40 cm以上。结合整地每亩施入堆肥或厩肥2000 kg、过磷酸钙50 kg或草木灰100 kg,翻入土中作基肥。然后整平耙细,做成宽1.3 m的高畦,四周挖好排水沟,以防积水。

(二)繁殖方法

主要采用种子繁殖,多采用直播。

1.播种时期　可春播,亦可夏播。春播在4月中下旬,夏播在6月上旬。春播不宜过早,因种子出苗后受早春寒影响,会经过春化阶段,提前抽薹开花。

2.播种方式　可撒播,亦可条播,以条播为好,便于管理。在整好的畦面上按行距20～25 cm横向开沟,浅沟深2 cm左右,将种子均匀地播入沟内。播前最好将种子用30～40 ℃温水浸泡4 h,捞出晾干后下种。播后,施入腐熟的人畜粪水,覆土与畦面平齐。保持土壤湿润,5～6天即可出芽。每亩用种量2 kg左右。

3.留种技术　春、夏季播种的板蓝根于入冬前采挖时,选择无病、健壮的根条移栽到留种地上,留种地应选在避风、排水良好、阳光充足的地方。翌年发芽后加强肥水管理,适当施磷、钾肥。于5～6月种子由黄转黑紫时,全株割下,晒干脱粒。也可在采挖板蓝根时留出部分植株不挖,自然越冬收籽。因茬口关系,还可采取秋播、幼苗越冬的办法,促使翌年正常结籽。收过种子的板蓝根已木质化,不能作药用。

(三)田间管理

1.间苗与定苗　当苗高7～10 cm时进行间苗,去弱留强。当苗高12 cm时,按株距7～10 cm定苗,留壮苗1株。

2.中耕除草　齐苗后进行第一次中耕除草,以后每隔半月除一次草,保持田间无杂草。封行后停止中耕除草。

3.追肥　间苗后,结合中耕除草追施一次人畜粪水,每亩 1500～2000 kg。每次采叶后追施一次人畜粪水,每亩 2000 kg,加尿素 4～6 kg,以促发新叶。若不采叶,可少施肥。

4.排水　夏播后遇干旱天气,应及时浇水。雨水过多时,要及时清沟排水,防止田间积水。

(四)病虫害防治

1.霜霉病　主要为害叶片。发病初期叶背面产生灰白色霉状物,无明显病斑和症状。随着病情的加重,叶面出现淡绿色病斑,严重时叶片枯死。

防治方法:①收获后清洁田园,将病枝残叶集中烧毁、深埋,以减少越冬病源。②降低田园温度,及时排出积水,改善通风透光条件。③发病初期喷 1∶1∶100 倍波尔多液或 65% 代森锌 500 倍液,每 7～10 天喷一次,连喷 2～3 次。

2.根腐病　雨季易发生,引起根部腐烂,导致全株死亡。

防治方法:①发病初期用 50% 多菌灵 1000 倍液或 70% 甲基托布津 1000 倍液淋穴。②及时拔出病株并烧毁,用上述农药浇灌病穴,以防蔓延。

3.白粉蝶　为白色粉蝶,常产卵于板蓝根叶片上。幼虫咬食叶片,造成孔洞、缺刻、空洞,严重时仅留叶脉。

防治方法:在虫幼龄时,用 90% 敌百虫 800 倍液喷杀。

五、采收与产地加工

1.板蓝根

(1)采收:于 10 月中上旬,当地上茎叶枯黄时,挖取根部。先在畦沟的一边开 60 cm 的深沟,然后顺着向前小心挖起,切勿伤根或断根。

(2)产地加工:运回后,去掉泥土和茎叶,洗净,晒至七八成干时,扎成小捆,再晒至全干。遇雨天可炕干或烘干。

(3)商品规格。

一等:干货。根呈圆柱形,头部略大,中间凹陷,边有柄痕,偶有分支。质实而脆。表面灰黄色或淡棕色,有纵皱纹。断面外部黄白色,中心黄色。气微,味微甜后苦涩。长 17 cm 以上,芦下 2 cm 处直径 1 cm 以上。无苗茎、须根、杂质、虫蛀、霉变。

二等:干货。根呈圆柱形,头部略大,中间凹陷,边有柄痕,偶有分支。质实而脆。表面灰黄色或淡棕色,有纵皱纹。断面外部黄白色,中心黄色。气微,味微甜后苦涩。芦下直径 0.5 cm 以上。无苗茎、须根、杂质、虫蛀、霉变。

以根长直、粗壮、坚实、粉性足者为佳。

2.大青叶

(1)采收:春播的可于5月上旬、9月上旬、10月中下旬采收3～4次。伏天高温季节不宜收割,以免引起成片死亡。收获大青叶时,要从植株基部离地面2 cm处割取,以使重新萌发新叶,便于继续采收。

(2)产地加工:叶片割回后晒至七八成干时,扎成小把,继续晒至全干,遇阴雨天可炕干或烘干。

(3)商品规格:以叶大、少破碎、干净、色墨绿、无霉味者为佳。

第六节　地黄的栽培技术

一、概述

地黄为玄参科植物地黄 *Rehmannia glutinosa* Libosch. 的新鲜或干燥块根,性寒、味甘,具有滋阴清热、补血止血等功效。《中国药典》记载,按干燥品计算,生地黄含梓醇($C_{15}H_{22}O_{10}$)不得少于0.20%。地黄主产于河南、山东、山西、陕西、河北、安徽等地,以河南产者最为著名,习称"怀地黄"。

二、形态特征

地黄为多年生草本植物,株高10～40 cm,全株密被灰白色柔毛和腺毛。根状茎肉质肥厚,呈块状,圆柱形或纺锤形,表面鲜黄色。叶通常丛生于茎的基部,倒卵形或长椭圆形,先端钝,边缘具不整齐的锯齿,叶面有皱纹。花茎直立,总状花序,顶生,花具细梗,多毛,花萼钟形,花冠筒状,微弯,外面暗紫色,内面黄色,有明显紫纹,先端有5枚浅裂片,略呈二唇形。蒴果卵形或长卵形,上有宿存花柱。种子多数,细小。花期4～6月,果期5～7月。

三、生长习性

地黄喜温暖气候和阳光充足的环境,喜肥,忌积水,较耐寒,以土层深厚、疏松、肥沃、中性或微碱性的沙质壤土栽培为宜,不宜在盐碱性大、土质过黏以及低洼地栽种。忌连作。前作宜选禾本科作物,不宜选种植过棉花、芝麻、豆类、瓜类等的土地,因为这些作物易发生根结线虫病和出现红蜘蛛,导致地黄病虫害严重。

地黄块根在20～25 ℃开始膨大增长,25～28 ℃增长迅速,15 ℃以下增长很慢。高温高湿易造成烂根。种子容易萌发,发芽适温为20～30 ℃。种子寿命为1～2年。

四、栽培技术

(一)选地整地

宜选择土层深厚、肥沃疏松、排水良好的沙质壤土,同时选择向阳且有一定排灌条件的地块。于头年冬季或第二年早春 2～3 月深翻土壤 25 cm 以上,每亩施入腐熟堆肥 2000 kg、过磷酸钙 25 kg、硫酸钾 15～20 kg,翻入土中作基肥。然后整平耙细,做成宽 1.3 m 的高畦或高垄栽种,畦沟宽 40 cm,四周开好大的排水沟,以利于排水。

(二)繁殖方法

地黄繁殖可采用种子繁殖和块根繁殖,生产上以块根繁殖为主。

1.种子繁殖　于 4～5 月按行距 10 cm 条播,覆细土 0.2～0.3 cm,保持苗床湿润。待幼苗具 6～8 片叶时,即可按行距 15～20 cm、株距 15 cm 左右移栽于大田。栽后浇水,到秋季即可收获或留作种栽。

2.块根繁殖　秋季采挖时,选指头粗细的种根沙埋贮存,到来年开春后大地化冻时,施足基肥,整平土地。将种根去头斩尾,取其中段截成 3～5 cm 的小段,按行距 30～40 cm、株距 27～33 cm 在整好的畦面上挖深 4～6 cm 的穴。每穴横放种栽 1～2 段,大根放 1 段,小根放 2 段,撒少许草木灰(石灰亦可),再盖细土与畦面齐平。15～20 ℃时 10 天左右可出苗,一般每亩用种量为 40～50 kg。

(三)田间管理

1.间苗与补苗　苗高 5 cm 时,结合除草进行间苗,每穴留 1 棵,如有缺苗断垄者可补栽,每亩留基本苗 4000～6000 株。肥沃土地可适当稀些,贫瘠土地可稍稠些,8000～10000 株也行。

2.中耕除草　结合中耕进行除草,注意苗旁浅松土,垄间深中耕;植株封行后不宜中耕松土。

3.追肥　以稀人畜粪尿为主,每亩用硫酸铵 20 kg、饼肥 50 kg,分两次施用。第一次在立夏前后,第二次在处暑前后。因处暑前后地下根茎正在膨大,所以施肥要及时。施肥后,如遇天气干旱,要及时浇水。

4.灌水与排水　干旱时适当灌水,切忌大水漫灌,否则会烂根,影响产量。夏季雨水较多,在植株封行前要结合松土培根进行清沟排水,以免根部积水。

5.去薹除蕾　如发生抽薹现象,要及早去薹除蕾,使养分集中于地下根茎,促进根茎生长。

(四)病虫害防治

1.枯萎病　枯萎病又称根腐病,5月始发,6～7月发病严重,为害根部和地上茎干。

防治方法:选择地势高燥地块种植;合理轮作,可与禾本科作物轮作;选用无病种根留种;用50%多菌灵1000倍液浸种;发病初期用50%多菌灵1000倍液或50%退菌特1000倍液浇灌根部。

2.病毒病　病毒病又称花叶病,4月下旬始发,5～6月严重。

防治方法:选择无病毒的种栽繁殖;采用无病毒茎尖繁殖脱毒苗;防治蚜虫,选择抗病品种。

3.地黄拟豹纹蛱蝶　4～5月始发,以幼虫为害叶片。

防治方法:清洁田园;幼龄期可用90%敌百虫800倍液喷杀。

五、采收与产地加工

(一)采收

栽种当年秋季9～10月地上叶片逐渐枯黄,选晴天挖出块根,抖净泥土,除掉须根。

(二)产地加工

1.鲜地黄　采收后即可沙埋贮存待用。

2.生地　生晒、烘焙均可,边晒或烘边发汗,至块根无硬心、质地柔软为止。因生地含糖性较高,干的程度以挡手不黏、手摸干硬为好。

(三)商品规格

《七十六种药材商品规格标准》规定地黄不分产地,将地黄分为五个等级(提出地黄保持原形,不必加工搓圆),具体标准为:

一等:干货。纺锤形或条形圆根,体重,质柔润,表面灰白色或灰褐色,断面黑褐色或黄褐色,具有油性。味微甜,无芦头、老母、生心、焦枯、杂质、虫蛀、霉变。每千克16支以内。

二等:干货。每千克32支以内,其余同一等。

三等:干货。每千克60支以内,其余同一等。

四等:干货。纺锤形或条形圆根,体重,质柔润,表面灰白色或灰褐色,断面黑褐色或黄褐色,具有油性。味微甜,无芦头、老母、生心、焦枯、虫蛀、霉变。每千克100支以内。

五等:干货。纺锤形或条形圆根,质柔润,表面灰白色或灰褐色,断面黑褐色或黄褐色,具油性。味微甜,但油性少,支根瘦小。每千克100支以上,最小货直径 1 cm 以上。无芦头、老母、生心、焦枯、杂质、虫蛀、霉变。

第七节　山药的栽培技术

一、概述

山药为薯蓣科植物薯蓣 *Dioscorea opposita* Thunb. 的干燥根茎，具有健脾止泻、补肺益肾的功效，主治脾胃虚弱、倦怠无力、食欲不振、肺气虚燥、肾气亏耗、腰膝酸软、消渴尿频、遗精早泄、带下白浊、皮肤赤肿、肥胖等病症。氨基酸和薯蓣皂苷等都可作为其检测指标性成分。《中国药典》记载，按照水溶性浸出物测定法项下的冷浸法测定，毛山药和光山药不得少于 7.0%；山药片不得少于 10.0%。山药主产于河南、河北、山西、山东、安徽、江苏、广西、湖南等地。以古怀庆府（主要在今河南焦作境内，含博爱、沁阳、武陟、温县等县市）所产山药质佳，习称"怀山药"。

二、形态特征

薯蓣为多年生缠绕草本植物，根状茎长而粗壮，直生，长度可达 1 m。叶互生，至中部以上对生，罕或 3 枚轮生，叶腋发生侧枝或形成气生块茎，称零余子。叶片形状多变化，为三角状卵形至三角状广卵形，常 3 浅裂至深裂，叶先端尖，基部戟状，叶柄长。花单生，雌雄异株，穗状花序，花小，白色或黄色。蒴果具 3 翅，扁卵圆形，果翅长几等于宽，有短柄，每室有种子 2 枚，着生于中央。花期 6～8 月，果期 8～10 月。

三、生长习性

山药喜生长于土层深厚、疏松、排水良好的沙壤土，对气候条件要求不甚严格，但以温暖湿润气候为佳。块茎在 10 ℃时开始萌动，茎叶生长适温为 25～28 ℃，块茎生长适宜的地温为 20～24 ℃，叶、蔓遇霜枯死。

山药种子不易发芽，无性繁殖能力强，生产上多用芦头和珠芽繁殖，生产周期为 1～2 年。

四、栽培技术

（一）选地整地

选择向阳地块及地势平坦、土质疏松肥沃、排水良好的沙壤土，低洼积水地不宜种植。选好地块后，于秋后深翻土壤一次。耕作深度因山药品种和形状而异，扁块种或圆筒种的耕作深度为 30 cm 左右，长柱种则要翻深 60～100 cm。结合翻耕每亩施入 3000 kg 腐熟农家肥、草木灰、过磷酸钙等,再翻耕一次,使土壤疏松匀细。于栽前整成高畦或高垄,垄宽为 80~90 cm,畦宽为 1 m 左右,两边开好排水沟。

近年来长柱形山药有些地区已用打洞栽培代替挖山药沟栽培。打洞栽培是于秋末冬初,经施肥、平整后,在冬闲时按行距 70 cm 放线,在线上用铁锹挖 5~8 cm 的浅沟,然后用打洞工具在线内按株距 25~30 cm 打洞,要求洞壁光滑结实,洞径 8 cm 左右,深 150 cm。

(二)繁殖方法

繁殖方法有珠芽(即零余子)繁殖、根茎繁殖和芦头繁殖,其中芦头繁殖和根茎繁殖多用。珠芽主要用来育苗,芦头连续栽植易引起退化,可用珠芽改良,一般2~3 年进行一次复壮更新。

1. 珠芽繁殖　每年植株枯萎时,摘取珠芽。选择个大饱满、无病虫害的作种,置室内或室外沙藏越冬。3~4 月下种,按行距 25 cm 开 6~8 cm 深的沟,每隔10 cm 种 2~3 个零余子,栽后浇水,约 15 天出苗。当年秋季挖取作种栽,称圆头栽。

2. 根茎繁殖　生产上一般在起收山药时选择横径 3~4 cm 的无病山药根茎,切成 6~8 cm 长的若干小段,每个断面都要蘸草木灰并置于太阳下晾晒 3~4 天,晾干伤口即可播种。

3. 芦头繁殖　起收山药时,选粗壮、无病虫害的根茎,于芦头下约 10 cm 处切下,切口涂草木灰,置通风处晾干后,放在室内沙藏,温度以 5 ℃ 左右为宜。开春后取出播种,畦栽可按行距 20~30 cm 开沟,沟深 6~9 cm,株距 15 cm,将芦头平放于沟内,也可每沟双行,排成人字形,将芦头种在沟的中线两旁,相隔 3 cm,栽后覆土稍镇压。

(三)田间管理

1. 畦面覆盖　在畦面铺草,移栽或出苗后用干草铺盖畦面,可防止草害,降低地温,提高肥效和调节水分。

2. 间苗　出苗后要适时间苗,同时注意对芦头摘芽,以每株留 1~2 个健壮芽为好,其余全部摘除。

3. 除草　山药的须根常在地表蔓延生长,因此要尽量用手拔草,不宜中耕。

4. 施肥　除施足底肥外,生长期还应追肥 2~3 次,分别在抽蔓搭架时、蔓长50 cm 时和根茎开始进入膨大期各追肥一次,每次每亩用腐熟人粪尿 750 kg 沟施或 0.5% 尿素溶液喷施。

5. 灌水与排水　在夏季高温、干旱时期要浇水,尤其在地下根茎生长期间更不能缺水,以促进根茎膨大。以早晚浇水为好,浇水深度不宜超过根生长的深度,以土壤不干裂为宜。多雨季节要注意及时排水,避免湿度过大发生叉根及积水,导致根茎腐烂。

6.搭架　山药为缠绕性植物,生长期应搭人字形架,以便通风透光。苗高20～30 cm时即可搭架,材料可就地取材,树条、竹条均可,搭架要牢固,高约2 m。

(四)病虫害防治

1.炭疽病　主要为害茎叶,受害茎叶产生褐色下陷小斑,有不规则轮纹,上生小黑点,7～8月危害严重。

防治方法:①拔草、松土,雨涝天气及时排出田间积水。②栽前用1∶1∶150倍波尔多液浸种10 min。③发病初期可用65%代森锌可湿性粉剂500倍液或50%多菌灵胶悬剂800倍液喷雾,7～10天喷一次,共喷2～3次。④期间用50%退菌特可湿性粉剂800～1000倍液喷洒,7天喷一次,连续喷2～3次。⑤做好田间清洁工作,防止病原传播。

2.褐斑病　主要为害叶片,病斑不规则,呈褐色,散生小黑点,有时穿孔,雨季低洼地危害严重。

防治方法:①冬季清理田园里的残枝病叶,集中烧毁,消灭越冬病源。②实行轮作,注意选地和及时排水。③发病期用1∶1∶120倍波尔多液或50%二硝散200倍液喷洒,每7天喷一次,连续喷2～3次。

3.线虫病　线虫病是近年来发现的山药块茎的一大病害。

防治方法:①推广打洞栽培。②实行3年以上轮作。③播种前将杀虫药剂均匀地撒在10 cm深的种植沟内,一般每亩使用5%灭克磷颗粒剂6 kg或5%敌线灵乳油8 kg。

虫害有蛴螬、地老虎等,可用90%敌百虫原药100倍液喷洒,或用50%辛硫磷50 g拌鲜草5 kg制成毒饵诱杀。

五、采收与产地加工

(一)采收

冬季茎叶枯萎后即可采挖,先采收珠芽,再拆除支架、割去藤茎,进行挖掘。注意顺排深挖,保持根茎完整,切下芦头作种栽。

(二)产地加工

1.切片干燥　将山药洗净,除去外皮和须根,趁鲜切厚片,干燥。

2.毛山药　将山药切去根头,洗净,除去外皮和须根,干燥。

3.光山药　选择肥大顺直的干燥山药,置于清水中,浸至无干心,闷透,切齐两端,用木板搓成圆柱状,晒干,打光,即成光山药。

(三)商品规格

1. 光山药

一等:干货。呈圆柱形,条均挺直,光滑圆润,两头平齐。内外均为白色。质坚实,粉性足。味淡。长 15 cm 以上,直径 2.3 cm 以上。无裂痕、空心、炸头、杂质、虫蛀、霉变。

二等:干货。呈圆柱形,条均挺直,光滑圆润,两头平齐。内外均为白色。质坚实,粉性足。味淡。长 13 cm 以上,直径 1.7 cm 以上。无裂痕、空心、炸头、杂质、虫蛀、霉变。

三等:干货。呈圆柱形,条均挺直,光滑圆润,两头平齐。内外均为白色。质坚实,粉性足。味淡。长 10 cm 以上,直径 1 cm 以上。无裂痕、空心、炸头、杂质、虫蛀、霉变。

四等:干货。呈圆柱形,条均挺直,光滑圆润,两头平齐。内外均为白色。质坚实,粉性足。味淡。直径 0.8 cm 以上,长短不分,间有碎块。无杂质、虫蛀、霉变。

2. 毛山药

一等:干货。呈长条形,弯曲稍扁,有顺皱纹或抽沟,去净外皮。内外均为白色或黄白色,有粉性。味淡。长 15 cm 以上,中部围粗 10 cm 以上。无破裂、空心、黄筋、杂质、虫蛀、霉变。

二等:干货。呈长条形,弯曲稍扁,有顺皱纹或抽沟,去净外皮。内外均为白色或黄白色,有粉性。味淡。长 10 cm 以上,中部围粗 6 cm 以上。无破裂、空心、黄筋、杂质、虫蛀、霉变。

三等:干货。呈长条形,弯曲稍扁,有顺皱纹或抽沟,去净外皮。内外均为白色或黄白色,有粉性。味淡。长 10 cm 以上,中部围粗 3 cm 以上。间有碎块。无杂质、虫蛀、霉变。

第八节　浙贝母的栽培技术

一、概述

浙贝母为百合科植物浙贝母 *Fritillaria thunbergii* Miq. 的干燥鳞茎。因其原产于浙江象山,故又称为象贝母,简称象贝。浙贝母性寒、味苦,具有清热散结、化痰止咳的功效,常与其他药配伍用于痰热郁肺的咳嗽及痈毒肿痛、瘰疬未溃等病症的治疗。《中国药典》记载,按干燥品计算,本品含贝母素甲($C_{27}H_{45}NO_3$)和贝母素乙($C_{27}H_{43}NO_3$)的总量不得少于 0.080%。浙贝母主产于浙江,故简称浙贝,江苏、安徽、江西、上海、湖北、湖南等地亦产,多系栽培。

二、形态特征

浙贝母为多年生草本植物,株高30～80 cm,全株光滑无毛。地下鳞茎扁球形,外皮淡土黄色,常有2～3片肥厚的鳞片抱合而成,直径2～6 cm。茎直立、单一,地上部分不分枝。叶狭长无柄,全缘,下部叶对生,中部叶轮生,上部叶互生,中上部叶先端反卷。花一至数朵,顶生或总状花序;花钟形,下垂,淡黄色或黄绿色,带有淡紫色斑点;花被片6枚,二轮排列;雄蕊6枚,雌蕊1枚。子房上位,3室,柱头3裂。蒴果短圆柱形,具6棱。种子多数,扁平,近半圆形,边缘具翼,淡棕色。花期3～4月,果期4～5月。

三、生长习性

浙贝母喜温和湿润、阳光充足的环境,较耐寒。浙贝母的鳞茎和种子均有休眠特性。生长温度为4～30 ℃,温度过低或过高时均出现休眠。平均地温为6～7 ℃时出苗,鳞茎在地温10～25 ℃时能正常膨大,−6 ℃时将受冻,25 ℃以上时出现休眠。种子在5～10 ℃经2个月左右或经自然越冬可解除休眠。种子发芽率一般在70%～80%。土壤以湿润、排水良好的沙质壤土为好,黏土、干旱土不适合栽培。

四、栽培技术

(一)选地整地

浙贝母对土壤要求较严,宜选排水良好、土层深厚、富含腐殖质、疏松肥沃的沙质壤土种植,黏壤、过沙的土壤均不适宜,土壤pH以5～7较为适宜。忌连作。前茬以玉米、大豆、甘薯等作物为好。播种前深翻细耕,每亩施入农家肥2000 kg作基肥,再配施100 kg饼肥和30 kg磷肥,耙匀,做成宽1.2～1.5 m的高畦,畦沟宽30 cm、沟深20～25 cm,并做到四周排水沟畅通。

(二)繁殖方法

浙贝母的繁殖分无性繁殖和有性繁殖两种。有性繁殖即种子繁殖,年限长,不易保苗和越夏,生产上一直没有广泛采用,多用无性繁殖,即鳞茎繁殖。

生产上一般分种子田和商品田。待地上部枯萎后在原地过夏,9～10月间将种子田中的鳞茎挖起,按鳞茎直径大小进行挑选后,再分别栽植于种子田和商品田。

1. 种子田的栽培　种子田鳞茎选择的标准是鳞茎直径3～5 cm,鳞瓣紧密抱合,芽头饱满,无损伤和病害。边挖边栽,种子田沟适当深些,以10～15 cm为宜,因为深栽能使鳞片抱合得紧,保护芽头,提高种栽质量。

2.商品田的栽培　种子田栽剩的浙贝母暂时在室内存放,厚度 5 cm。冬季套种的作物及时下种,不影响浙贝母生长,之后再挖出鳞茎,选择抱合紧密、芽头饱满、无病虫害者进行栽种,种植密度和深度视种茎大小而定,一般株距 15~20 cm,行距 20 cm。开浅沟条播,沟深 6~8 cm,沟底要平,覆土 5~6 cm。10 月末要全部种完。

(三)田间管理

1.中耕除草　重点放在浙贝母未出土前和植株生长的前期进行。出苗前要及时除草。出苗后结合施肥进行中耕除草,一般于施肥前除草,保持土壤疏松。植株封行后,可用手拔草。

2.追肥　一般进行 3 次追肥,12 月下旬施冬肥,以迟效性肥料为主。每亩沟施浓人畜粪肥 2500 kg,施后覆土。到春季齐苗时施苗肥,每亩泼浇人畜粪肥 2000 kg 或施尿素 15 kg。3 月下旬打花后追施花肥,肥种和施肥量与苗肥相似。

3.套作遮阴　地上部分枯萎前,可套种大豆、玉米等高秆作物,以给浙贝母遮阴,降低地温,调解水分,以利于鳞茎过夏。

4.灌水与排水　浙贝母在 2~4 月需水较多,如果这一段时间缺水,植株就会生长不好,直接影响鳞茎的膨大,影响产量。整个生长期水分不能太多,也不能太少。但北方春季干旱,应每周浇一次水,南方雨季要注意排水,防止鳞茎腐烂。

5.摘花　为了使鳞茎得到充足的养分,花期要摘花,不能摘得过早或过晚,过早会影响抽梢,过晚则消耗养分,不利于鳞茎的生长。当现出 2~3 朵花蕾时,于晴天可连同顶梢一同摘除。雨天摘花会使雨水渗入伤口,引起腐烂。摘下的花梢经晒干后亦可入药。

(四)病虫害防治

1.灰霉病　一般在 3 月下旬至 4 月初开始发生,4 月中旬盛发,危害严重。发病后先在叶片上出现淡褐色的小点,以后扩大成椭圆形或不规则形病斑,边缘有明显的水渍状环,不断扩大形成灰色大斑。被害部位在温湿度适宜的情况下能长出灰色霉状物。还可为害花和果实。

防治方法:①浙贝母收获后,清除被害植株和病叶,将其烧毁或深埋,减少越冬病源。②合理轮作,发病较严重的土地不宜重茬。③加强田间管理,合理施肥,增强浙贝母的抗病能力。④发病前,在 3 月下旬喷施 1:1:100 倍波尔多液,7~10 天喷一次,连续喷 3~4 次。⑤发病时用 50% 多菌灵 800 倍液喷施。

2.黑斑病　一般在 3 月下旬开始发生,清明前后春雨连绵时受害较为严重。从叶尖开始发病,叶色变淡,出现水渍状褐色病斑,渐向叶基蔓延,病部与健康部分有明显界限。以菌丝及分生孢子在被害植株和病叶上越冬,第二年再次侵染危害。

防治方法:同灰霉病的防治方法。

3.软腐病 浙贝母鳞茎的受害部分开始为褐色水渍状,蔓延很快,发病后鳞茎变成糟糟的豆腐渣状,或变成黏滑的鼻涕状。有时停止为害而表面失水时成为一个似虫咬过的空洞。腐烂部分和健康部分界限明显。表皮常不受害,内部软腐干缩后剩下空壳,腐烂鳞茎具有特别的酒酸味。

防治方法:①选择健壮无病的鳞茎作种。②选择排水良好的沙质壤土种植。③药剂防治:配合使用各种杀菌剂和杀螨剂,在下种前浸种。④防治螨、蛴螬等地下害虫,消灭传播媒介,防止传播病菌,以减轻危害。

4.干腐病 浙贝母鳞茎基部受害后呈蜂窝状,鳞片被害后呈褐色皱褶状。受害鳞茎基部呈青黑色,鳞片内部腐烂形成黑斑空洞,或在鳞片上形成黑褐色、青色、大小不等的斑状空洞。有的鳞茎维管束受害,鳞片横切面可见褐色小点。

防治方法:同软腐病的防治方法。

5.蛴螬 蛴螬为金龟子的幼虫,又名"白蚕"。体白色,头部黄色或黄褐色。4月中旬开始为害浙贝母鳞茎,在浙贝母过夏期为害最盛,到11月中旬以后停止为害。被害鳞茎呈麻点状或凹凸不平的空洞状。有时把鳞茎咬成残缺破碎。成虫在5月中旬出现,傍晚活动,卵散产于较湿润的土中,喜在未腐熟的厩肥上产卵。

防治方法:①冬季清除杂草,深翻土地,消灭越冬虫卵。②施用腐熟的厩肥和堆肥,并覆土盖肥,减少成虫产卵。③整地翻土时,注意捉取幼虫。④使用灯光诱杀成虫金龟子。⑤下种前半月每公顷施375~450 kg石灰氮,撒于上面后翻入,以杀死幼虫。⑥用90%晶体敌百虫1000~1500倍液浇注根部周围土壤。⑦用石蒜鳞茎进行防治,结合施肥,将石蒜鳞茎洗净捣碎,每50 kg粪放3~4 kg石蒜浸出液进行浇治。

6.豆芫菁 成虫喜群集危害,将叶片咬成缺刻、空洞或全部吃光,留下较粗的叶脉。严重时成片浙贝母被吃成光秆,影响地下部鳞茎产量。

防治方法:①人工捕杀。利用成虫的群集性,及时用网捕捉,集中杀死。但应注意豆芫菁在受惊时会分泌一种黄色液体,能使人的皮肤中毒起泡,因此不能直接用手捕捉。②用90%晶体敌百虫1500倍液或40%乐果乳剂800~1500倍液喷洒。

五、采收与产地加工

(一)采收

商品田于5月中旬待植株地上部分茎叶枯萎后选晴天采挖,注意顺排采挖,避免挖伤鳞茎。一般亩产鲜贝600~900 kg,折合干品200~300 kg。

(二)产地加工

洗净,按大小分开,大的除去芯芽,加工成"大贝",或称"宝贝""元宝贝";小的不去芯芽,加工成"珠贝"。分别撞擦,除去外皮,拌以石灰粉或煅过的贝壳粉,吸去擦出的浆汁,干燥;或取鳞茎,按大小分开,洗净,除去芯芽,趁鲜切成厚片,洗净,干燥。

(三)商品规格

1.宝贝规格标准　统货。干货。为鳞茎外层的单瓣片,呈半圆形。表面白色或黄白色。质坚实。断面粉白色。味甘微苦。无僵个、杂质、虫蛀、霉变。

2.珠贝规格标准　统货。干货。为完整的鳞茎,呈扁圆形。断面白色或黄白色。质坚实。断面粉白色。味甘微苦。大小不分,间有松块、僵个、次贝。无杂质、虫蛀、霉变。

第九节　丹参的栽培技术

一、概述

丹参为唇形科多年生草本植物丹参 *Salvia miltiorrhiza* Bunge 的干燥根和根茎,别名"血参""紫丹参""红根"等。丹参味苦,性微寒,归心、肝二经,具有活血祛淤、通经止痛、清心除烦等功效,主治冠心病、胸痹心痛、心绞痛等症。《中国药典》记载,按干燥品计算,本品含丹参酮 II A($C_{19}H_{18}O_3$)、隐丹参酮($C_{19}H_{20}O_3$)和丹参酮 I($C_{18}H_{12}O_3$)的总量不得少于 0.25%。全国大部分省区均有栽培,主产于河南、安徽、四川、陕西等地。

二、形态特征

丹参为多年生草本植物,全株密被柔毛。根圆柱形,砖红色。茎直立,多分枝。奇数羽状复叶,顶端小叶较大,小叶卵形或椭圆状卵形。轮伞花序有花 6 至多朵,组成顶生或腋生的总状花序,密被长柔毛和腺毛;小苞片披针形,被腺毛;花萼钟状,长 1~1.3 cm,先端二唇形,萼筒喉部密被白色柔毛;花冠蓝紫色,唇形花冠,下唇较上唇短,先端 3 裂,中央裂片较两侧裂片长且大,又作浅 2 裂;子房上位,4 深裂,花柱较雄蕊长,柱头 2 裂。小坚果长圆形,熟时黑色或暗棕色。花期 5~8 月,果期 8~9 月。

三、生长习性

丹参的适应性较强,喜温和气候,生长最适温度为 20~26 ℃,较耐寒,冬季根可耐受—15 ℃以上的低温。丹参根部发达,长度为 60~80 cm,怕旱又忌涝,对土壤要求不严,一般土壤均能生长,土壤酸碱度以微酸性至微碱性为宜。以阳光充足、土层深厚、中等肥沃、排水良好的沙质壤土栽培为好。忌在排水不良的低洼地种植。

丹参种子小，在 18～22 ℃温度下 15 天左右出苗，出苗率为 70%～80%，陈种子发芽率极低。丹参的根在地温 15～17 ℃时开始萌生不定芽，根条上段比下段发芽生根早。

四、栽培技术

(一)选地整地

丹参为深根性植物，应选择地势向阳、土质肥沃、土层深厚疏松、排水良好的沙质壤土栽种，黏土和盐碱地均不宜生长。忌连作，可与小麦、玉米、薏苡、夏枯草、蓖麻等作物或非根类中药材轮作，或在果园中套种，不适合与豆科或其他根类中药材轮作。前茬作物收割后整地，深翻 30 cm 以上，翻地的同时施足基肥，每亩施农家肥 1500～3000 kg。整平耙细后，做成宽 80～130 cm 的高畦，北方雨水较少的地区可开平畦，开好排水沟，以利于排水。

(二)繁殖方法

丹参的繁殖方法较多，包括种子繁殖、分根繁殖、扦插繁殖和芦头繁殖。

1.种子繁殖　可采用直播或育苗移栽的方式。

(1)直播：3 月左右播种，可采取条播或穴播方式，按行距 30～40 cm、株距 20～30 cm 挖穴，每穴内播种 5～8 粒，覆土 1～2 cm。条播开浅沟，沟深 2～3 cm，覆土 1～2 cm。如遇干旱，播前应浇透水再播种，半个月左右即可出苗，苗高 7 cm 时进行间苗。

(2)育苗移栽：丹参种子于 6～7 月成熟后采摘即可播种。在整理好的畦上按行距 20～30 cm 开沟，沟深 1～2 cm，将种子均匀地播入沟内，覆土，以盖住种子为度，播后浇水盖草保湿。半个月左右可出苗。当苗高 6～10 cm 时可间苗，一般 11 月左右即可移栽定植于大田。北方地区在 3 月中下旬按行距 30～40 cm 开沟，用种子条播育苗，种子细小，盖土宜浅，以见不到种子为宜，播后浇水盖地膜保温。半个月后在地膜上打孔出苗，苗高 6～10 cm 时间苗，5～6 月可定植于大田。

2.分根繁殖　栽种时间一般在当年 2～3 月，也可在上一年 11 月上旬立冬前栽种，冬栽比春栽产量高，随栽随挖。

选种时要选一年生、健壮、无病虫害的鲜根作种，以侧根为好，根粗 1～1.5 cm。老根和细根不能作种，老根作种易空心，须根多；细根作种易生长不良，根条小，产量低。在准备好的栽植地上按行距 30～40 cm、株距 20～30 cm 开穴，穴深 3～5 cm，穴内施入农家肥，每亩 1500～2000 kg。将选好的根条切成 5～7 cm 长的根段，一般取根条中上段萌发能力强的部分和新生根条。边切边栽，大头朝上,直立于穴内或平放,不可倒栽。每穴栽 1~2 段,盖上 2~3 cm 土后压实,盖土不宜过多,否则妨碍出苗,每亩需种根 50~60 kg。栽后 60 天左右出苗。

为使丹参提前出苗,延长丹参生长期,可用根段催芽法。于 11 月底至 12 月初挖 25~27 cm 深的沟槽,把剪好的根段铺入槽中,约 6 cm 厚,盖土 6 cm,上面再放 6 cm 厚的根段,再盖上 10~12 cm 厚的土,略高出地面。要防止积水,天旱时浇水,并经常检查,以防霉烂。第二年 3 月底至 4 月初,根段上部都长出白色芽后,即可栽植于大田。采用该法栽植时,出苗快而齐,不抽薹,不开花,叶片肥大,根部充分生长,产量高。

3. 扦插繁殖 南方于 4~5 月,北方于 6~8 月,剪取生长健壮的茎枝,截成 15~20 cm 长的插穗,剪除下部的叶片,上部留 2~3 片叶。在整好的畦内灌透水,按行距 20 cm、株距 10 cm 开沟,将插穗斜插入土 1/2~2/3,顺沟培土压实,搭矮棚遮阴,保持土壤湿润。一般 20 天左右便可生根,成苗率在 90% 以上。待根长 3 cm 时,便可定植于大田。

4. 芦头繁殖 3 月中上旬,选择无病虫害的健壮植株,剪去地上部的茎叶,留长 2~2.5 cm 的芦头作种苗。按行株距(30~40) cm×(25~30) cm 挖 3 cm 深的穴,每穴栽 1~2 株,芦头朝上,覆土,以盖住芦头为度,浇水。40~45 天芦头即可生根发芽。

5. 留种技术 丹参一般顶端花序先开花,种子先成熟,种子的成熟时期不一致,这就要求采收种子时应分批多次进行,6 月花序变成褐色并开始枯萎,部分种子呈黑褐色时,即可进行采收。采收时将整个花序剪下,置于通风阴凉处晾干,脱粒后即可进行秋播育苗,春播用的种子应阴干贮藏,防止受潮发霉。

(三)田间管理

1. 中耕除草 一般中耕除草 3 次,4 月苗高 10 cm 左右时进行一次;6 月上旬开花前后进行一次;7~8 月进行一次。平时做到有草即除。

2. 追肥 可结合中耕除草和灌溉进行追肥。第一次在丹参返青时,每亩沟施尿素 5 kg;第二次在剪过第一次花序后,每亩施氮、磷、钾肥 50 kg;第三次在 8~9 月,叶面喷施锰、硼、锌、铁等微量元素肥料 0.65 kg。

3. 灌溉与排水 丹参怕水涝,雨季要注意清沟排水。苗期不耐旱,如遇干旱,应及时由畦沟放水渗灌或喷灌,禁用漫灌。

4. 摘蕾除薹 4 月下旬至 5 月,丹参陆续抽薹开花,除留种地外,一律摘蕾除薹,以促进根的发育。

(四)病虫害防治

丹参的主要病害有根腐病、叶斑病、根结线虫病等。为防治丹参病害,应实行轮作,同一地块种植丹参不能超过 2 个周期,最好与禾本科作物轮作。根腐病和叶斑病在发病期用50%多菌灵800倍液或70%甲基硫菌灵1000倍液灌根,每株250 mL,7～10天灌一次,连续灌2～3次;也可用70%甲基硫菌灵500倍液或75%百菌灵600倍液每10天喷施一次,连续喷2～3次,注意要喷射到茎基部。

丹参的主要虫害有蛴螬和金针虫,大量发生时用50%辛硫磷乳剂1000～1500倍液或90%敌百虫1000倍液浇根,每株50～100 mL。

五、采收与产地加工

(一)采收

丹参于地上部枯萎时采挖。丹参根入土较深,根系分布广,质地脆、易折断,采挖时先将地上茎叶除去,深挖其根,防止挖断。

(二)产地加工

种子繁殖的丹参在移栽后第二年10～11月地上部分枯萎后或第三年早春萌发前均可采挖;春季无性繁殖的,于栽后当年11月至第二年春萌发前采挖。将挖起的根条晾晒至五成干,待质地变软后,用手捏拢,再晒至八九成干时再捏一次,把须根全部捏断,晒干,即为成品。如需条丹参,可将直径0.8 cm以上的根条在母根处切下,顺条理齐,曝晒,经常翻动,当晒至七八成干时,扎成小把,再曝晒至干,装箱即成条丹参。如不分粗细,晒干去杂后装入麻袋者称统丹参,有些产区在加工过程中有堆起发汗的习惯。

(三)商品规格

丹参以长圆柱形,顺直,表面红棕色没有脱落,有纵皱纹,质坚实,外皮紧贴,不易剥落,断面灰黄色或黄棕色,菊花纹理明显者为佳。

一等:干货。呈圆柱形或长条状,偶有分枝。表面紫红色或黄棕色,有纵皱纹。质坚实,皮细而肥壮。断面灰白色或黄棕色,无纤维。气弱,味甜微苦。多为整枝,头尾齐全,主根上中部直径在1 cm以上。无芦茎、碎节、须根、杂质、虫蛀、霉变。

二等:干货。呈圆柱形或长条状,偶有分枝。表面紫红色或黄红色,有纵皱纹。质坚实,皮细而肥壮。断面灰白色或黄棕色,无纤维。气弱,味甜微苦。主根上中部直径在1 cm以下,但不得低于0.4 cm,有单枝及撞断的碎节。无芦茎、须根、杂质、虫蛀、霉变。

第十节　半夏的栽培技术

一、概述

半夏为天南星科植物半夏 *Pinellia ternata* (Thunb.) Breit. 的干燥块茎。半

夏为常用中药,具有燥湿化痰、降逆止呕、消痞散结等功能,主治呕吐、反胃、咳喘痰多、胸膈胀满、头晕不眠等症。《中国药典》记载,按照水溶性浸出物测定法(通则2201)项下的冷浸法测定,不得少于7.5%。半夏为广布种,国内除内蒙古、新疆、青海和西藏未见野生外,其余各省区均有分布;主产于四川、湖北、河南、贵州、安徽、山东、江苏、江西、浙江、湖南、云南等地。

二、形态特征

半夏为多年生草本植物,株高15～40 cm。地下块茎球形或扁球形,芽的基部着生多数须根。叶出自块茎顶端。叶柄长5～25 cm。在叶柄下部内侧生一白色珠芽,偶见叶片基部亦具一白色或棕色小珠芽。一年生的叶为单叶,呈心形,两年后为3小叶的复叶,小叶呈椭圆形至披针形,中间小叶较大,叶子两面光滑无毛。肉穗花序顶生,花序梗常较叶柄长;佛焰苞绿色,边缘多呈紫绿色,内侧上部常有紫色斑条纹。花单性,雌雄同株;浆果卵圆形,顶端尖,绿色或绿白色,成熟时红色,内有种子1枚。种子椭圆形,两端尖,灰绿色。花期4～7月,果期8～9月。

三、生长习性

半夏喜温和、湿润气候,怕干旱,忌高温。夏季宜在半阴半阳的环境中生长,畏强光;在阳光直射或水分不足的情况下,易发生倒苗。耐阴、耐寒,块茎能自然越冬。半夏为浅根性植物,一般对土壤要求不严,除盐碱土、砾土、重黏土以及易积水之地不宜种植外,其他土壤基本均可种植,但以疏松、肥沃、深厚、含水量为20%～30%、pH 6～7的沙质壤土较为适宜。

半夏块茎一般于8～10 ℃萌动生长,13 ℃开始出苗。随着温度升高,出苗加快。15～26 ℃最适宜生长,30 ℃以上生长缓慢,超过35 ℃而又缺水时开始出现倒苗,秋后低于13 ℃时出现枯叶。半夏的块茎、珠芽和种子均无生理休眠特性。种子发芽适温为22～24 ℃,寿命为1年。

四、栽培技术

(一)选地整地

宜选择湿润肥沃、质地疏松、排灌良好的壤土或沙质壤土种植,亦可选择半阴半阳的缓坡山地。黏重地、盐碱地、涝洼地不宜种植。前茬以豆科作物为宜,可与玉米、油菜、小麦、果林等进行间套种。

地选好后,于10～11月深翻土地20 cm左右,除去砾石和杂草,使其熟化。半夏根系浅,且喜肥,生长期短,应施足基肥。结合整地每亩施农家肥2500～5000 kg、饼肥100 kg和过磷酸钙60 kg,翻入土中作基肥。播前再翻耕一次,整平耙细。南方雨水较多的地方宜做成宽 1.2～1.4 m、高 30 cm 的高畦,畦沟宽 40 cm,以利于灌排。北方浅耕后可做成宽 0.8～1.2 m 的平畦,畦埂宽、高分别为 30 cm 和 15 cm。畦埂要踏实整平,以便进行春播催芽和苗期地膜覆盖栽培。

（二）繁殖方法

生产上半夏的繁殖方法以块茎繁殖和珠芽繁殖为主,也可用种子繁殖,但种子繁殖周期长,多不采用。

1. 块茎繁殖　当年冬季或次年春季取出贮藏的种茎栽种,以春季栽种为好,宜早不宜迟。一般早春 5 cm 深地温稳定在 6～8 ℃时,即可用温床或火炕进行种茎催芽。催芽温度保持在 20 ℃左右,经 15 天左右芽便能萌动。雨水至惊蛰期间,当 5 cm 深地温为 8～10 ℃时,不催芽或催芽种茎的芽鞘发白时即可栽种。在整细耙平的畦面上开横沟条播。行距 12～15 cm,株距 5～10 cm,沟宽 10 cm,深 5 cm 左右,沟底要平,在每条沟内交错排列两行,芽向上摆入沟内。栽后,上面施一层由腐熟堆肥和厩肥加人畜肥、草土灰等混拌均匀而成的混合肥土。每亩用混合肥土 2000 kg 左右。覆土 4～7 cm,耧平,稍加镇压。每亩需种茎 50～60 kg。也可结合收获秋季栽种,一般在 9 月下旬至 10 月上旬进行。若进行地膜覆盖栽培,栽后立即盖上地膜。4 月上旬至下旬,当气温稳定在 15～18 ℃、出苗率达 50％左右时,应揭去地膜,以防膜内高温烤伤小苗。去膜前,应先进行炼苗。方法是中午从畦两头揭开膜通风散热,傍晚封上,连续几天后再全部揭去。采用早春催芽和苗期地膜覆盖的半夏,不仅可以早出苗 20 天左右,还能保持土壤的疏松状态,促进根系生长,同时可增产 83％左右。

2. 珠芽繁殖　半夏叶柄上长有一枚珠芽,珠芽遇土即可生根发芽,成熟期早,是主要的繁殖材料。夏秋间,当老叶将要枯萎时,珠芽成熟,即可采取叶柄上成熟的珠芽进行条播。按行距 10 cm、株距 3 cm、沟深 3 cm 播种。播后覆上 2～3 cm 厚的细土和草木灰,稍加压实。也可按行株距 10 cm×8 cm 挖穴点播,每穴播种 2～3 粒。亦可在原地盖土繁殖,即每倒苗一批,盖土一次,以不露珠芽为度。同时施入适量的混合肥,既可促进珠芽萌发生长,又能为母块茎增施肥料,以利于增产。

3. 种子繁殖　用种子繁殖的半夏两年以上能陆续开花结果。此种方法出苗率较低,生产上一般不采用。当佛焰苞萎黄下垂时,采收种子,夏季采收的种子可随采随播,秋末采收的种子可以沙藏至次年 3 月播种。按行距 10 cm 开 2 cm 深的浅沟,将种子撒入,耧平,覆土 1 cm 左右,浇水湿润,并盖草保温保湿,半个月左右即可出苗。苗高 6～10 cm 时,即可移植。实生苗当年可形成直径为 0.3～0.6 cm 的块茎,可作为第二年的种茎。

4. 留种技术

（1）种茎的采收和贮藏：每年秋季半夏倒苗后,在收获半夏块茎的同时,选横径粗 0.5～1.5 cm、生长健壮、无病虫害的当年生中小块茎作种用。种茎选好后，在室内摊晾 2～3 天，以干湿适中的细沙土拌匀，贮藏于通风阴凉处，于当年冬季或次年春季取出栽种。

(2)种子的采收和贮藏：半夏种子一般在 6 月中下旬采收，当佛焰苞萎黄下垂，果皮发白绿色，种子呈浅茶色或茶绿色、易脱落时分批摘回。如不及时采收，种子易脱落。采收的种子最好随采随播，10～25 天出苗。8 月以后采收的种子要用湿沙混合贮藏，留待第二年春季播种。

(三)田间管理

1.揭开地膜　当 50% 以上的半夏长出一片叶，叶片在地膜中初展开时，应及时揭开地膜。揭膜后适当松土，土壤较干的，应适当浇水，以利于继续出苗。地膜揭开后可洗净整理好，以便第二年再用。

2.中耕除草　半夏行间的杂草用特制小锄勤锄，深度不超过 3 cm，以免伤根；株间杂草用手拔除。

3.施肥　半夏是喜肥植物，生长期应注意适当地多施肥料。特别是出苗的早期，应当多施氮肥，中后期则应多施钾肥和磷肥。半夏对钾的需求量较大，多施钾肥对其生长尤其重要。半夏出苗后，可每亩撒施尿素 3～4 kg 催苗。此后，在每次倒苗后施用腐熟的粪水肥，每亩 2000 kg，肥料施在植株周围，随后培土。在半夏生长的中后期，可视生长情况每亩叶面喷施 0.2% 磷酸二氢钾溶液 50 kg。施肥应以农家肥为主，不可施用氯化钾、氯化铵、碳酸氢铵和硝态氮类化肥。以适当比例的 N、P、K、Ca、Mg、S、Fe、Na、Zn、Cu、Mo、Mn、B 等元素配制的半夏专用复合肥料对高产有很好的作用。

4.培土　6 月 1 日以后，由于半夏叶柄上的珠芽逐渐成熟落地，种子陆续成熟并随佛焰苞的枯萎而倒伏，因此 6 月初和 7 月要各培土一次。取畦边细土，撒于畦面，厚 1.5～2 cm，以盖住珠芽和种子为宜，稍加镇压。培土可以盖住珠芽和杂草的幼苗，并有利于半夏的保墒和田间的排水。要通过培土把生长在地面上的珠芽尽量埋起来。培土可结合除草进行。

5.浇水与排水　要注意干旱浇水和多雨排水。干旱时最好浇湿土地，而不能漫灌，以免造成腐烂病的发生。多雨时应当注意及时清理畦沟，排水防渍，避免半夏块茎因多水而发生腐烂。

6.摘花蕾　除留种植株外，为使半夏养分集中于地下块茎生长，一般应于 5 月抽花葶时分批摘除花蕾。

7.套种遮阳　半夏在生长期间可与玉米、小麦、油菜、果林等进行套种。这样既可提高土地的使用效率，增加收入，又可以利用其他作物为半夏遮阳，避免阳光直射，延迟半夏倒苗，增加产量。

（四）病虫害防治

1.根腐病　根腐病是半夏最常见的病害,多发生在高温多湿季节和越夏种茎贮藏期间。根腐病主要为害地下块茎,造成腐烂,随即地上部分枯黄倒苗而死亡。

防治方法:①选用无病种栽,雨季和大雨后及时疏沟排水。②播种前用木霉的分生孢子悬浮液处理半夏块茎,或以5％草木灰溶液浸种2 h;或用1份50％多菌灵加1份40％乙膦铝300倍液浸种30 min。③发病初期,拔除病株后用5％石灰水浇穴。④及时防治地下害虫,亦可减轻根腐病危害。

2.病毒性缩叶病　病毒性缩叶病是栽培半夏时普遍发生的一种病害,发病率随栽培年限的增加呈上升趋势,多在夏季发生。种茎带毒及蚜虫等昆虫传毒可能为其主要的传播途径。该病为全株性病害,发病时,叶片上产生黄色不规则的斑,使叶片出现花叶症状,叶片变形、皱缩、卷曲,直至枯死;植株生长不良,地下块根畸形瘦小。

防治方法:①选无病植株留种,避免从发病地区引种或留种,并进行轮作。②施足有机肥料,适当追施磷肥和钾肥,增强抗病力。③出苗后在苗地喷洒一次40％乐果2000倍液,每隔5～7天喷一次,连续喷2～3次。④发现病株后立即拔除,集中烧毁或深埋,病穴用5％石灰水浇灌,以防蔓延。⑤及时消灭蚜虫等传毒昆虫。

3.芋双线天蛾　以幼虫咬食叶片,是半夏生长期间危害极大的害虫。每年可发生3～5代,以蛹在土下越冬。8～9月幼虫发生数量最多。成虫黄昏时开始取食花蜜,趋光性强。

防治方法:①结合中耕除草捕杀幼虫。②利用黑光灯诱杀成虫。③幼虫发生时,用50％辛硫磷乳油1000～1500倍液喷雾或90％晶体敌百虫800～1000倍液喷洒,每5～7天喷一次,连续喷2～3次。

其他病虫害还有半夏炭疽病、蚜虫、红天蛾和地下害虫等。

五、采收与产地加工

（一）采收

种子繁殖的半夏于第3～4年采收,块茎繁殖的半夏于当年或第二年采收。一般在夏、秋季茎叶枯萎倒苗后采收。过早采收影响产量,过晚采收难以去皮和晒干。采收时,从地块的一端开始,用爪钩顺畦挖12～20 cm深的沟,逐一将半夏挖出。起挖时选晴天,小心挖取,避免损伤。

（二）产地加工

收获后鲜半夏要及时去皮,堆放过久则不易去皮。先将鲜半夏洗净,按大、中、小分级，分别装入麻袋内，在地上轻轻摔打几下，然后倒入清水缸中，反复揉搓，或将块茎放入筐内或麻袋内来回撞击，使其去皮，也可用去皮机除去外皮。将外皮去净、洗净，再取出晾晒，并不断翻动，晚上收回，平摊于室内，不能堆放，不能遇露水。次日再取出，晒至全干。亦可拌入石灰，促使水分外渗，再晒干或烘至全干。如遇阴雨天气，采用炭火或炉火烘干，但温度不宜过高，一般应控制在35～60℃。在烘干时，要微火勤翻，力求干燥均匀，以免出现僵子，造成损失。半夏采收后经洗净、晒干或烘干，即为生半夏。

（三）商品规格

加工好的半夏药材以个大、皮净、色白、质坚、粉足者为佳。

一等：干货。呈圆球形、半圆球形或扁斜不等，去净外皮。表面白色或浅黄白色，上端圆平，中心凹陷（茎痕），周围有棕色点状根痕，下面钝圆，较平滑。质坚实。断面洁白或白色。粉质细腻。气微，味辛，麻舌而刺喉。每千克800粒以内。无包壳、杂质、虫蛀、霉变。

二等：干货。呈圆球形、半圆球形或偏斜不等，去净外皮。表面白色或浅黄白色，上端圆平，中心凹陷（茎痕），周围有棕色点状根痕，下面钝圆，较平滑。质坚实。断面洁白或白色。粉质细腻。气微，味辛，麻舌而刺喉。每千克1200粒以内。无包壳、杂质、虫蛀、霉变。

三等：干货。呈圆球形、半圆球形或偏斜不等，去净外皮。表面白色或浅黄白色，上端圆平，中心凹陷（茎痕），周围有棕色点状根痕，下面钝圆，较平滑。质坚实。断面洁白或白色。粉质细腻。气微，味辛，麻舌而刺喉。每千克3000粒以内。无包壳、杂质、虫蛀、霉变。

第十一节　白术的栽培技术

一、概述

白术为菊科植物白术 *Atractylodes macrocephala* Koidz. 的干燥根茎，又称冬术、冬白术、于术、山连、山姜、山蓟、天蓟等。白术为常用中药，有"北参南术"之誉。白术味甘、苦，性温，有健脾益气、燥湿利水、止汗安胎等功效，主治脾虚食少、腹胀泄泻、痰饮眩悸、水肿自汗、胎动不安等症。白术原产于我国，过去以浙江省栽培最多，浙江白术产区在磐安县、新昌县、天台县一带。目前福建、安徽、江苏、江西、贵州、湖南、湖北、四川、河北、山东等地亦有栽培。

二、形态特征

白术为多年生草本植物，株高30～80 cm。根状茎肥厚粗大，略呈卷状，灰黄色。茎直立,上部分枝,基部木质化,具不明显纵槽。叶互生,茎下部的叶有长柄,叶片3深裂或羽状5深裂,边缘具刺状齿;茎上部叶柄渐短,叶片不分裂,呈椭圆形或卵状披针形。头状花序单生于枝端,管状花,花冠紫色。瘦果长圆状椭圆形,稍扁,表面被绒毛,冠毛羽状。花期8～10月,果期10～11月。

三、生长习性

白术喜凉爽气候,怕高温多湿,根茎生长的适宜温度为26～28 ℃,8月中旬至9月下旬为根茎膨大最快的时期。白术种子容易萌发,在15 ℃以上开始萌发,发芽适温为20 ℃左右,且需较多水分,一般吸水量为种子重量的3～4倍。种子寿命为1年。生产上在18～21 ℃、有足够湿度的条件下,播种后10～15天出苗。

白术在生长期间对水分的要求比较严格,既怕旱又怕涝。土壤含水量30%～50%、空气相对湿度75%～80%对生长有利。如遇连续阴雨天,植株生长不良,病害也较严重。如生长后期遇到严重干旱,土壤含水量在10%以下,则影响根茎膨大。

白术生长喜光照,但在7～8月高温季节适当遮阴,有利于白术生长。

白术对土壤要求不严,在酸性黏土或碱性沙质壤土中都能生长,通常在排水良好、肥沃的沙质壤土栽培,如土壤过黏,则因土壤透气性差,易发生烂根现象。土壤以偏酸性至中性为好。忌连作,连作时白术病害较重,亦不能与有白绢病的植物如白菜、玄参、花生、甘薯、烟草等轮作,前作以禾本科植物为好。

四、栽培技术

(一)选地整地

选择土质疏松、肥力中等、排水良好的沙壤土。山区一般选择土层较厚、有一定坡度的土地种植,有条件的地方最好用新垦荒地。不可选用保水保肥力差的沙土或黏性土。前作收获后要及时进行冬耕,既有利于土壤熟化,又可减轻杂草和病虫危害。白术下种前再翻耕一次,结合翻耕施入基肥。育苗地一般每亩施堆肥或腐熟厩肥1000～1500 kg,移栽地每亩施堆肥或腐熟厩肥2500～4000 kg。翻耕后整平耙细,南方多做成宽1.2 m左右的高畦,畦长根据地形而定,畦沟宽30 cm左右,畦面呈龟背形,便于排水。山区坡地的畦向要与坡向垂直,避免水土流失。

(二)繁殖方法

白术的栽培一般是第一年育苗,贮藏越冬后移栽于大田,第二年冬季收获产品。也可春季直播,不经移栽,两年收获,但产量不高,很少采用。

1.育苗　白术的播种期因各地气候条件不同而略有差异。南方以3月下旬至4月上旬播种为好,北方以4月下旬播种为宜。应选择色泽发亮、颗粒饱满、大小均匀一致的种子。将选好的种子先用 25～30 ℃的清水浸泡 12～24 h,然后用 50%多菌灵可湿性粉剂 500 倍液浸种 30 min,再取出晾至种子表面无水即可。这样既可使种子吸水膨胀,又可起到杀菌作用,减少生长期间病害的发生。

播种主要采用条播方式,以便于田间管理。有的地方也用撒播方式。

(1)条播:在整好的畦面上开横沟,沟心距约为 25 cm,播幅 10 cm,深 3～5 cm。沟底要平,将种子均匀撒于沟内。在浙江产区,先撒一层火灰土(所谓"火灰土",就是将上肥用杂草堆积焚烧,这样既可减少病虫来源,又可增加肥料中钾的含量),最后再撒一层细土,厚约 3 cm。在春旱比较严重的地区,为防止种子"落干"现象的发生,应覆盖一层草进行保湿。每亩播种量为 4～5 kg。育苗田与移栽田的比例为 1∶(5～6)。

(2)撒播:将种子均匀撒于畦面,覆盖细土或焦泥灰,厚约 3 cm,然后盖一层草。每亩播种量为 5～8 kg。播种后要经常保持土壤湿润,以利于出苗。幼苗生长较慢,要勤除杂草。同时拔除过密或病弱苗,使苗的间距为 4～5 cm。苗期一般追肥 2 次,第一次在 6 月上中旬,第二次在 7 月,施用稀人畜粪尿或速效氮肥。天气干旱时应及时浇水,并在行间盖草,减少水分蒸发。

2.移栽　种栽于 10 月下旬至 11 月下旬收获,选晴天挖取根茎,把尾部须根剪去,在离根茎 2～3 cm 处剪去茎叶。修剪时,切勿伤害主芽和根茎表皮。若主芽受到损伤,则侧芽大量萌发,使营养分散,降低产量,损伤表皮则容易染病。在修剪的同时,应按大小分级,并剔除感病和破损的根茎。将种栽摊放于阴凉通风处 2～3 天,待表皮发白、水气干后进行贮藏。

贮藏方法各地不同,南方采用层积法沙藏,选择通风凉爽的室内或干燥阴凉的地方,在地上先铺 5 cm 左右厚的细沙,上面铺 10～15 cm 厚的种栽,再铺一层细沙,上面再放一层种栽。如此堆至约 40 cm 高,最上面盖一层约 5 cm 厚的沙子或细土。每隔 15～30 天要检查一次,发现病栽应及时挑出,以免引起腐烂。若白术芽萌动,则要进行翻堆,以防芽继续生长,影响种栽质量。

北方一般选背风处挖一个深度和宽度各约 1 m 的坑,长度视种栽多少而定,将种栽放在坑内,铺 10～15 cm 厚,覆盖土 5 cm 左右。随气温下降,逐渐加厚盖土,让其自然越冬,到第二年春季边挖边栽。可采用秋季移栽、露地越冬的方法。此种方法可避免种栽贮藏期间因管理不当而造成腐烂或病菌感染。

为了减轻病害的发生,在生产中需进行种栽处理。方法是先用清水冲洗种栽,再将种栽浸入 40%多菌灵胶悬剂 300～400 倍或 80%甲基托布津 500～600 倍液中 1 h,然后捞出沥干。如不立即栽种,应摊开晾干表面水分。

白术的栽种季节因各地气候、土壤条件不同而异。浙江、江苏、四川等地的移栽期在 12 月下旬至第二年 2 月下旬,以早栽为好。早栽根系发达,扎根较深,生长健壮,抗旱力、吸肥力都强。北方在 4 月中上旬栽种。

种植方法有条栽和穴栽两种,行株距有 20 cm×25 cm、25 cm×18 cm、25 cm×12 cm 等多种,可根据不同土质和肥力条件进行选择。适当密植可提高产量,栽种深度以 5～6 cm 为宜,不宜栽得过深,否则出苗困难,幼芽在土中生长过长而消耗养分,使术苗纤细,影响产量。

3. 留种技术　采用茎秆健壮、叶片较大、分枝少而花蕾大的无病植株留种。植株顶端生长的花蕾开花早,结籽多而饱满;侧枝的花蕾开花晚,结籽少而瘦小。可将侧枝花蕾剪除,每枝只留顶端 5～6 个花蕾,使养分集中,籽粒饱满,有利于培育壮苗。对留种植株要加强管理,增施磷、钾肥,并从初花期开始,每隔 7 天喷一次 50% 敌敌畏 800 倍液,以防治虫害。当头状花序(也称蒲头)外壳变成紫黑色,并开裂现出白茸时,可进行采种。采种要在晴天露水干后进行。在雨天或露水未干时采种,容易腐烂或生芽,影响种子品质。种子脱粒晒干后,置通风阴凉处贮藏备用。

(三)田间管理

1. 间苗　播种后约 15 天发芽,幼苗出土生长,应进行间苗工作,拔除弱小或有病的幼苗,苗的间距为 4～5 cm。

2. 中耕除草　原则上做到田间无杂草,苗未出土前浅松土,苗高 3～6 cm 时除草,6 月间杂草生长繁茂、迅速,每隔半个月除草一次,宜用手拔除,做到地无杂草。7 月下旬至 9 月下旬正是长根的时候,每月拔草 1～2 次。雨后或露水未干时不能锄草,否则容易感染病害。

3. 追肥　现蕾前后可追肥一次,于行间每亩沟施尿素 20 kg 和复合肥 30 kg,施后覆土、浇水。摘蕾后 1 周,每亩可再追施腐熟饼肥 75～100 kg、人畜粪尿 1000～1500 kg 和过磷酸钙 25～30 kg 一次。根据白术的生长规律,药农总结出"足施基肥,早施苗肥,重施摘蕾肥"的经验。

4. 排水　白术怕涝,土壤湿度过大时容易发病,因此,雨季要清理畦沟,排水防涝。8 月以后根茎迅速膨大,需要充足的水分,若遇天旱,要及时浇水,以保证水分供应。

5. 摘蕾　白术的药用部位是根茎,而开花结籽要消耗大量的养分,影响块茎的形成和膨大。为了使养分集中供应根茎生长,除留种植株外,都要摘除花蕾。以 7 月上中旬头状花序开放前摘除为宜,由于现蕾不齐,可分 2～3 次摘完。摘蕾宜选晴天,雨天或露水未干时摘蕾,伤口容易引起病害。一般摘除花蕾的白术比不摘除花蕾的增产 30%～80%。

6. 覆盖　白术有喜凉爽、怕高温的特性。因此,根据白术的特性,夏季可在植株行间覆盖一层草,以调节温度和湿度,覆盖厚度一般以 5～6 cm 为宜。

(四)病虫害防治

1.根腐病　白术根腐病又称干腐病,是白术的重要病害之一。发病后,首先是细根变褐、干腐,逐渐蔓延至根状茎,使根茎干腐,并迅速蔓延到主茎,使整个维管束系统出现褐色病变,呈现褐黑色下陷腐烂斑。后期根茎全部形成黑褐色海绵状干腐,地上部萎蔫。该病初期侵染来源主要是土壤带菌,其次是种栽带菌。在土壤淹水、土质黏重、施用未腐熟的有机肥料以及有线虫和地下害虫为害等原因造成植株根系发育不良或产生伤口等情况下,极易遭受到病菌的侵染,导致根状茎腐烂。病菌要求高温,因此,病害常在植株生长中后期、气温升高、连续阴雨后转晴时突然发生。

防治方法:与禾本科作物轮作时病害轻,轮作年限应在 3 年以上;用 70%恶霉灵可湿性粉剂 3000 倍液浸栽 1 h 或 50%退菌特 1000 倍液浸栽 3～5 min,晾干后下种;发病初期用 50%多菌灵可湿性粉剂 1000 倍液或 70%甲基托布津可湿性粉剂 1000 倍液浇灌病区;及时防治地下害虫的危害。

2.立枯病　立枯病是白术苗期的主要病害,发生普遍,危害严重,常造成幼苗成片死亡,药农称其为“烂茎病”。受害苗茎基部初期呈水渍状椭圆形暗褐色斑块,地上部呈萎蔫状,随后病斑很快延伸绕茎,茎部坏死,收缩成线形,幼苗倒伏死亡。立枯病在低温高湿时多发。

防治方法:立枯病主要由土壤带菌而感染,避免病土育苗是防病的根本措施。合理轮作 2～3 年,或对土壤消毒,可用 50%多菌灵在播种和移栽前处理土壤,每亩 1～2 kg。适期播种,促使幼苗快速生长和成活,避免感染。苗期加强管理,及时松土和防止土壤湿度过大;发现病株及时拔除,发病初期用 5%石灰水淋灌,7 天淋灌一次,连续淋灌 3～4 次。也可喷洒 50%甲基托布津 800～1000 倍液等药剂防治,控制其蔓延。

3.斑枯病　斑枯病是白术产区普遍发生的一种叶部病害,高温高湿环境下发病严重。初期叶上产生黄绿色小斑点,多自叶尖及叶缘向内扩展,常数个病斑连接成一阔斑,因受叶脉限制而呈多角形或不规则形,很快布满全叶,使叶呈铁黑色,药农称其为“铁叶病”。后期病斑中央呈灰白色,上生小黑点,植株逐渐枯萎死亡。江苏、浙江、安徽一带每年从 4 月下旬(谷雨前后)开始发病,一直延续到收获期。

防治方法:进行 2～3 年轮作;选栽健壮无病种栽,并用 70%甲基托布津 1000 倍液浸渍 3～5 min 消毒;选择地势高燥、排水良好的土地,合理密植,降低田间湿度;发病初期喷 1∶1∶100 倍波尔多液或 50%退菌特 1000 倍液,7～10 天喷一次,连续喷 3～4 次;白术收获后清洁田园,集中处理残株落叶。

4.锈病　主要为害叶片。受害叶片初期生黄褐色略隆起的小点,以后扩大为褐色梭形或近圆形,周围有黄绿色晕圈。叶背病斑处聚生黄色颗粒黏状物,当其破裂时,散出大量的黄色粉末,即锈孢子。多雨高湿条件下该病害易流行。

防治方法:雨季及时排水,防止田间积水,避免湿度过大;发病期喷97%敌锈钠300倍液或65%可湿性代森锌500倍液,7～10天喷一次,连续喷2～3次;收获后集中处理残株落叶,减少来年侵染菌源。

5.白绢病　白绢病主要为害白术根状茎,高温多雨时多发。根状茎在干燥情况下形成"乱麻"状干腐,而在高温高湿时则形成"烂薯"状湿腐,地上部逐渐萎蔫。该病的初侵染来源是带菌的土壤、肥料和种栽。发病初期以菌丝蔓延或菌核随水流传播进行再侵染。

防治方法:选用无病健栽作种,并用50%退菌特1000倍液浸栽3～5 min,晾干后下种;与禾本科作物轮作,不可与易感此病的附子、玄参、地黄、芍药、花生、黄豆等轮作;加强田间管理,雨季及时排水,避免土壤湿度过大;及时挖除病株及周围病土,并用石灰消毒;用50%多菌灵可湿性粉剂1000倍液或70%甲基托布津可湿性粉剂1000倍液浇灌病区。

6.白术长管蚜　白术长管蚜又名"腻虫""蜜虫",以无翅蚜在菊科寄主植物上越冬。次年3月以后天气转暖,产生有翅蚜,迁飞到白术上产生无翅胎生蚜造成危害。4～6月危害最严重,6月以后气温升高、降雨多,术蚜数量则减少。至8月虫口又略有增加,随后因气候条件不适,产生有翅胎生蚜,迁飞到其他菊科植物上越冬。术蚜喜密集于白术嫩叶、新梢上吸取汁液,使白术叶片发黄,植株萎缩,生长不良。

防治方法:铲除杂草,减少越冬虫害;发生期可用50%敌敌畏1000～1500倍液、40%乐果1500～2000倍液或2.5%鱼藤精600～800倍液喷雾。

此外,还有根结线虫病、地老虎、蛴螬、白术术籽虫等为害白术。

五、采收与产地加工

(一)采收

采收期在定植当年10月下旬至11月中旬,当茎叶开始枯萎时即可采收。若采收过早,干物质还未充分积累,品质差,折干率也低;采收过晚则新芽萌发,消耗养分,影响品质。选晴天将植株挖起,抖去泥土,剪去茎叶,及时加工。

(二)产地加工

产地加工有晒干和烘干两种。晒干的白术称生晒术,烘干的白术称烘术。

1.生晒术的加工　将收获运回的鲜白术抖净泥土,剪去须根、茎叶,必要时用水洗去泥土,置日光下晒干,需15～20天,直至干透为止。在干燥过程中,如遇阴雨天,要将白术摊放在阴凉干燥处。切勿堆积,以防霉烂。

2. 烘术的加工　将鲜白术放入烘斗内,每次 150~200 kg,最初火力宜猛而均匀,约 100 ℃。待蒸汽上升,外皮发热时,将温度降至 60~70 ℃,缓缓烘烤 2~3 h,然后上下翻动一次,再烘 2~3 h,至须根干透,将白术从斗内取出,不断翻动,去掉须根。将去掉须根的白术堆放 5~6 天,让内部水分慢慢外渗,即反润阶段。再按大小分等上灶,较大的白术放在烘斗的下部,较小的放在上部,开始升火加温。开始火力宜强些,至白术外表发热,将火力减弱,控制温度在 50~55 ℃,经 5~6 h 后上下翻动一次,再烘 5~6 h,直到七八成干时,将其取出,在室内堆放 7~10 天,使内部水分慢慢向外渗透,表皮变软。将堆放返润的白术按支头大小分为大、中、小三等。再用 40~50 ℃文火烘干,大号的烘 30~33 h,中号的烘约 24 h,小号的烘12~15 h,烘至干燥为止。

(三)商品规格

加工好的白术药材以个大、质坚实、断面黄白色、香气浓者为佳。

一等:干货。呈不规则团块,体形完整。表面灰棕色或黄褐色。断面黄白色或灰白色。味甘微苦。每千克 40 只以内。无焦枯、油个、炕泡、杂质、虫蛀、霉变。

二等:干货。呈不规则团块,体形完整。表面灰棕色或黄褐色。断面黄白色或灰白色。味甘微辛苦。每千克 100 只以内。无焦枯、油个、炕泡、杂质、虫蛀、霉变。

三等:干货。呈不规则团块,体形完整。表面灰棕色或黄褐色。断面黄白色或灰白色。味甘微辛苦。每千克 200 只以内。无焦枯、油个、炕泡、杂质、虫蛀、霉变。

四等:干货。体形不计,但需全体是肉(包括武子和花子)。每千克 200 只以上。间有程度不严重的碎块、油个、焦枯、炕泡,无杂质、霉变。

备注:花子是指瘤状疙瘩积聚在白术的主体,占表面面积 30%以上者。武子是指白术体形呈两叉以上者(包括两叉)。

第十二节　泽泻的栽培技术

一、概述

泽泻为泽泻科植物泽泻 *Alisma orientalis*（Sam.）Juzep. 的干燥块茎,别名"芒芋""水泽"等。泽泻味甘、性寒,具有利小便、清湿热、抗肾炎、降血脂、抗脂肪肝等功效,主治小便不利、水肿、高血脂和脂肪肝等症。《中国药典》记载,按干燥品计算,本品含 2,3-乙酰泽泻醇 B($C_{32}H_{50}O_5$)和 2,3-乙酰泽泻醇 C($C_{32}H_{48}O_6$)的总量不得少于 0.10%。泽泻在我国福建和四川等地具有悠久的栽培历史,其中福建建瓯、建阳和浦城等地栽培的泽泻产量大、品质好。此外,江西、广西、贵州、云南等地亦产。

二、形态特征

泽泻为多年生水生草本植物,高 50～100 cm。块茎球形,须根多数,叶丛生,柄长 5～50 cm,基部鞘状,叶片椭圆形或宽卵形,光滑,叶脉 5～7 条。花茎自叶丛中抽出,花序 3～5 轮分枝,集成大型轮生状圆锥花序,花小,白色,两性。瘦果多数,倒卵形,褐色,环状排列。花期 6～8 月,果期 8～10 月。

三、生长习性

泽泻喜光、喜温和气候、喜湿、喜肥。成株喜光,幼苗畏强光直射,耐荫蔽。在阳光充足、适宜生长温度(20～26 ℃)条件下,稍耐寒,但在 0 ℃时茎叶易受冻害,在凉冷及霜期早的地方种植产量低。泽泻适宜生长在浅水田中,对水的需求量随不同生长期而不同,一般幼苗期随生长逐渐加深水层,定植后,初期较深,后期因植株趋老熟逐渐浅灌。泽泻喜肥,适宜在肥力高、保水保肥力强的土壤中生长,以腐殖质丰富、黏质的水田为佳。忌连作,前作宜为早稻、蔬菜或与莲轮作。

泽泻种子的发芽率与种子后处理有关。一般晒干的种子不发芽,隔年的种子发芽率较低,新鲜的种子发芽率高。幼苗的生长状况与种子的成熟程度有关。一般花茎中部花序的种子成熟度中等,播后发芽率高,发芽期最短,发芽较整齐,幼苗生长发育好,抽薹植株少。虽然过老熟种子的发芽率也较高,但长成植株后易早抽薹开花。

四、栽培技术

(一)选地整地

选择光照充足、背风向阳、耕作层厚、水源充足、排灌方便、保水性强、富含腐殖质而稍带黏性的土壤或水稻田作为育苗地或种植地。

整地前,排除过多的田水,施足基肥,依土壤肥力不同,每亩施腐熟厩肥或堆肥 3000～4000 kg。深犁翻耕入土,耙细耙平泥土,整平田面,做成宽 1.2 m、高 10～15 cm 的苗床,留作业道 40 cm。

(二)繁殖方法

泽泻主要用种子繁殖,先育苗后移栽。

1.育苗

(1)种子的选择:选择饱满的种子,以中等成熟度的种子为好,其外观呈黄褐色或金黄色。老熟(褐色和红褐色)、隔年(黑褐色、种仁变黑)、未成熟(黄绿色)的种子不宜作种。

(2)播种前处理:把选好的种子用纱布袋装好,在流动的清水中浸泡 24～48 h,然后进行催芽。取出滴干水,用 40％福尔马林 80 倍稀释液浸种 5 min,捞出立即用清水冲洗,再滴干水,以待播种。

(3)播种期选择:泽泻育苗和移栽季节因各地气候条件不同而异。福建闽北和四川一般在夏至到小暑育苗,处暑到白露移栽,由北到南,播种和移栽的时间相继后移,如到了广东,就在白露育苗,霜降后移栽。播种期过早,易形成大量分蘖和抽薹开花;播种期太迟,则生长期短,植株生长发育不良,会影响产量和品质。

(4)播种方法:播种前,将处理好的种子拌以 10～100 倍的草木灰或火土灰,均匀地撒播在苗床上,再用竹扫帚轻轻横扫畦面,使种子与泥土充分紧密结合,以防降雨或灌水时将种子冲走。一般每亩用种 1～2 kg,1 亩种苗可供 25～30 亩大田种植。

2. 移栽 移栽期一般在播种后 30～35 天,泽泻已完成苗期的生长。选择阴天或晴天下午 3 点以后进行移栽。移栽时选有 5～8 片真叶、株高约 15 cm 的健康壮苗,轻轻拔起,去掉脚叶、黄叶及弱残病苗。随起随栽,带泥移栽。最好在整地完毕、田泥尚未下沉时移栽。秧苗移栽要做到浅栽、栽正、栽稳。以入土 2～3 cm为宜,避免苗芯沉入泥中。若栽种过深,则发叶缓慢,块茎不易膨大。行株距为30 cm×25 cm,在田边地角密植几行预备苗,留作补苗。

3. 留种技术 一年生泽泻一般不留作种,选择二年生植株的种子作种用。留种方法依据繁殖方法不同而有以下两种。

(1)分芽繁殖法留种:泽泻收获前,选择生长健壮、无病虫害、块茎肥大的植株作种株。采收泽泻时,挖起块茎,割去地上枯叶,栽到较为湿润的旱田里,斜栽入土,深 7～10 cm,过深则块茎易腐烂,过浅则易受冻害。栽后覆盖稻草越冬。次年春季,块茎发出多数幼芽,待新芽长成为 20 cm 左右高的幼苗时(约在 4 月上旬),挖出块茎,纵切成小块,每小块保留 1 个芽,随即移栽到阳光充足、土壤肥沃的水田里,行株距均为 30～40 cm。栽后加强田间管理,只留 1～3 个主薹,在抽薹开花结果期,用 2％过磷酸钙浸提液作根外追肥,使种子饱满。花茎长出分株后,剪去基部两轮和顶部第 9 轮以上分株,留下的分株花期相差不大,营养充分,所结的种子饱满。当果实逐渐成熟,呈黄褐色或金黄色时(中等成熟),即分批连梗剪取,扎成小把,挂在通风干燥处阴干,脱粒。

(2)块茎繁殖法留种:泽泻收获前,选择生长健壮、无病虫害、块茎肥大的植株作种株。春季块茎发出多数幼芽后,不进行分芽移栽,而是摘除侧芽,留主薹结籽。一般 6 月中下旬,果实逐渐成熟,按上述标准进行采集,阴干,脱粒。此法所产生的种子生命力强,发芽率高,只是产量不及分株留种的高。种茎冬季留种时,也可以采用地膜防冻、保温,以促使早发芽,待立春前后分芽移植,再用地膜覆盖。

(三)田间管理

1. 查苗补苗 移栽后 2～3 天内,要认真检查畦面的苗情,发现浮苗或倒伏时,应及时栽正、栽稳;发现缺苗或死苗时,及时补苗,保证全苗。此后进行不间断的查苗,若发现有生长不良的弱苗或病苗,及时拔除并补苗。

2. 耘田追肥 泽泻是喜肥植物。一般追肥 3 次,生长较差的田块可追肥 4 次。通常要掌握"先追肥,后耘田和除草"的原则。每次追肥前,先把田水排干,再施肥,然后耘田除草,并将基部黄枯叶剥除,埋入泥中,施肥后 1～2 天灌回水。第一次追肥在移栽后 10～15 天,每亩泼施腐熟人畜粪水约 1000 kg;或用尿素 7～8 kg直接点施在植株近处。第二次追肥在 9 月中旬,此时植株进入生长旺盛期(即抽薹前),每亩泼施腐熟人畜粪水 1000～1500 kg;或用尿素 15 kg 和草木灰点施;或用硫酸铵 20～30 kg 点施。第三次追肥在 9 月下旬或 10 月上旬,此时块茎开始膨大,部分植株开始抽薹,每亩泼施腐熟人畜粪水 2000 kg;或用尿素 20～30 kg点施。第四次追肥在收获前 1 个月,一般在 10 月下旬,每亩泼施腐熟人畜粪水约 1000 kg;或用碳酸氢铵 10 kg 点施。

3. 适时排灌 泽泻是浅水植物,不同发育阶段对灌水的深浅要求不同。移栽后保持水深 2～3 cm;第二次追肥后灌回水时,保持水深 3～7 cm,此时植株进入生长旺盛期,需水量大;第三次追肥后灌回水时,保持水深 1 cm,此时正值块茎膨大期,应减少田水,适时排干田水晒田,促进块茎生长发育;收获前 15 天左右开始逐渐排干田水,以利于采收。

4. 及时摘薹 非留种植株应及时摘薹,并抹除侧芽,避免养分消耗,促进块茎生长。

(四)病虫害防治

1. 白斑病 白斑病是泽泻的主要病害,高温多雨季节多发。受害部位集中在叶片和叶柄。叶片发病初期,病部产生较小的圆形斑点,呈红褐色;病斑扩大后,中心呈灰白色,周缘暗褐色,严重时叶片逐渐发黄枯死。叶柄发病时,初期出现褐色棱形病斑,中心略下陷;病斑逐渐扩大后,出现相互连接,呈灰褐色,最后叶柄枯倒,严重的植株死亡。

防治方法:①播种前,用 40%福尔马林 80 倍稀释液浸种 5 min,用清水洗净,晾干,播种。②发病初期,勤检查,发现病叶及时摘除,再喷 1∶1∶100 倍波尔多液。③发病期,喷 50%二硝散 200 倍稀释液、50%代森锌 500～1000 倍稀释液或25%托布津可湿性粉剂 500～600 倍稀释液,每 7～10 天喷一次,连续喷 2～3 次。④加强田间管理,选择无病种苗,培育抗病品种,增施磷、钾肥。

2. 银纹夜蛾 以幼虫为害叶片。幼虫白天潜伏在叶背,晚上和阴天多在叶面取食。受害叶片出现缺刻和空洞,严重时叶片只剩叶脉。幼虫在叶背化蛹。

防治方法:发生虫害时,用 90％敌百虫 1000～1500 倍稀释液喷施。利用其幼虫期的假死性,进行人工捕杀;利用其成虫期(蛾)的趋光性,在田间安装黑光灯,进行人工诱杀。

3.泽泻缢管蚜　干热天气多发,成虫繁殖迅速,危害严重。以黑色无翅蚜为害,群集在叶背面和花茎上吮吸汁液,植株叶片发黄,块茎发育不良,同时影响开花结果。

防治方法:①育苗期,经常巡田,发现蚜虫后及时喷 40％乐果乳油 2000 倍液,每隔 7 天喷一次,连续喷 3～4 次。②成株期,喷 40％乐果乳油 1500～2500 倍稀释液,每隔 5～7 天喷一次,连续喷 3～4 次。

五、采收与产地加工

(一)采收

对于秋季移栽地区,一般在 12 月下旬地上部分枯萎时采收。对于冬季移栽地区,一般在次年开春前,即尚未长出新芽前采收。若采收过早,地上部分尚未完全枯萎,会影响块茎化学成分积累,粉性不足,产量降低;若采收过迟,则块茎顶芽萌动,所积累的大分子成分分解成小分子的可溶性成分,影响泽泻的药材质量。

采收前几天先放干田水至无水浸泡田面为止。采收工具为特制的铁制采挖刀具,用以割去须根及残留茎叶。先挖起块茎,除去块茎周围泥土和残根,再剥去残叶,留下块茎中心顶芽,加工时避免因伤口流出汁液而发黑。

(二)产地加工

采回的块茎应立即加工。若为晴天,当即摊开曝晒 2～3 天,再放入火炉内摊开烘烤;若为阴天,可直接放入火炉内烘烤。火力先大后小,每隔一天翻动一次,第二天火力相对小些,12 h 翻一次,烘烤至第三天,炉温降至 50～60 ℃,块茎上的须根和粗皮已干脆。取出放入撞笼内撞掉残留的须根和粗皮,然后用麻袋盖上发汗 3～5 天,再次烘烤,炉温控制在 50 ℃左右,并经常翻动,直至干透。若仍然有残留的须根和粗皮,可以继续放入撞笼内撞击,使块茎光滑,呈淡黄白色即可。每亩产干货 150～200 kg,高产田每亩产干货 250～300 kg。

(三)商品规格

加工好的泽泻药材以个大、色黄白、光滑、粉性足者为佳。

1.建泽泻规格标准

一等:干货。呈椭圆形,撞净外皮及须根。表面黄白色,有细小突出的须根痕。质坚硬。断面浅黄白色,细腻有粉性。味甘微苦。每千克 32 个以内。无双花、焦枯、杂质、虫蛀、霉变。

二等：干货。呈椭圆形或卵圆形，撞净外皮及须根。表面灰白色，有细小突起的须根痕。质坚硬。断面黄白色，细腻有粉性。味甘微苦。每千克56个以内。无双花、焦枯、杂质、虫蛀、霉变。

三等：干货。呈类球形，撞净外皮及须根。表面黄白色，有细小突起的须根痕。质坚硬。断面浅黄白色或灰白色，细腻有粉性。味甘微苦。每千克56个以上，最小直径不小于2.5 cm。间有双花、轻微焦枯，但不超过10％，无杂质、虫蛀、霉变。

2. 川泽泻规格标准

一等：干货。呈卵圆形，去净粗皮及须根，底部有瘤状小疙瘩，表面灰黄色。质坚硬。断面淡黄白色。味甘微苦，每千克50个以内。无焦枯、碎块、杂质、虫蛀、霉变。

二等：干货。呈卵圆形，去净粗皮及须根，底部有瘤状小疙瘩，表面灰黄色。质坚硬。断面淡黄白色。味甘微苦。每千克50个以上，最小直径不小于2 cm。间有少量焦枯、碎块，但不超过10％，无杂质、虫蛀、霉变。

备注：泽泻根据主产地区福建、四川分为建泽泻和川泽泻两个品种。其他地区引自哪里，即按哪种标准执行。

第八章　皮类药用植物

第一节　杜仲的栽培技术

一、概述

杜仲为杜仲科植物杜仲 *Eucommia ulmoides* Oliv. 的干燥树皮,别名"玉丝皮""丝棉皮""扯丝皮",系名贵木本药材。杜仲味甘、微辛、性温、无毒,有补肝肾、健筋骨、强腰膝、降血压的功效,主治肝肾虚痛、足软无力、胎动不安、先兆流产、阳痿、便频等症。《中国药典》记载,本品含松脂醇二葡萄糖苷($C_{32}H_{42}O_{16}$)不得少于0.10%。杜仲原产于我国,分布广泛,长江、黄河流域均有栽培,以贵州、陕西、湖北、湖南、江西、四川、浙江、云南等地居多。

二、形态特征

杜仲为落叶高大乔木。全株折断时均有银白色胶丝相连。单叶互生,叶片卵状椭圆形,边缘有锯齿,幼叶上面疏被柔毛,下面毛较密,老叶上面光滑,下面叶脉处疏被毛;叶柄长1～2 cm。花单性异株,无花被,常先叶开放,雄花具雄蕊4～10枚,雌花具扁平狭长雌蕊1枚,柱头2分叉。翅果扁椭圆形。种子1粒。花期3～4月,果期9～11月。

三、生长习性

杜仲的适应性很强,野生于海拔700～1500 m的地方,抗寒能力较强。对气候和土壤条件要求不严。喜阳光充足、雨量丰富的湿润环境。土壤以土层深厚、肥沃、疏松的沙质壤土为好。

杜仲种子有一定的休眠特性,经8～10 ℃低温层积50～70天,发芽率可达90%。种子寿命较短,一般不超过1年,干燥后更易失去发芽能力,故种子采收后宜即行播种或湿沙层积。

四、栽培技术

(一)选地整地

选择土层深厚、疏松肥沃、排水良好的向阳地,每亩施腐熟的厩肥4000 kg、草木灰 150 kg,与土混匀,深翻土壤,耙平,做成高 15~20 cm、宽 1~1.2 m 的高畦。低洼地区要在苗圃四周挖好排水沟。

(二)繁殖方法

杜仲的繁殖可采用种子繁殖、扦插繁殖、根插繁殖和伤根繁殖等方法。

1.种子繁殖

(1)播种时期:冬季 11~12 月或春季 2~3 月月均气温超过 10 ℃时播种,一般暖地宜冬播,寒地可秋播或春播,以满足种子萌发所需的低温条件。

(2)种子采收及处理:当种子成熟后(10~11 月),选择 15 年生以上的树种子,果实变成淡褐色或黄褐色时采收。

杜仲种子忌干燥,故宜趁鲜播种。果皮含有胶质,妨碍种子吸水,可于播前进行种子处理。如需春播,则采种后应将种子进行层积处理,种子与湿沙的比例为 1∶10。播种前如不经处理,种子发芽率很低(50%左右),为提高发芽率,播前多对种子进行处理。处理种子的方法有温汤浸泡法、湿沙层积处理法和激素处理法。

①温汤浸泡法:在 60 ℃条件下搅拌至 20 ℃,保持 20 ℃浸泡 2~3 天,每天换水 1~2 次。

②湿沙层积处理法:将种子与干净湿沙混匀或分层堆放在木箱内。经过 15~20 天种子开始露白后即可播种。

③激素处理法:用 100~400 mg/L 萘乙酸溶液浸种,待种子膨胀后稍晾干就可播种。经浸种处理,发芽率可超过 80%。

此外,还可采用剪破果翅、取出种仁直接播种的方法,以提高发芽率。

(3)播种方法:多采用条播,行距 20~25 cm,每亩用种量为 8~10 kg,播种后盖草,保持土壤湿润,以利于种子萌发。幼苗出土后,于阴天揭除盖草。每亩可产苗木 3 万~4 万株。

(4)移栽定植:秋季苗木落叶后至次年春季新叶萌芽前可将幼苗移出定植。定植前按(3 m×2 m)~(3 m×2.5 m)的行株距挖穴,穴宽 80 cm、深 30 cm,穴底施厩肥、饼肥、过磷酸钙等基肥 100 kg 左右,与土搅匀。然后将健壮、无病害的苗木置于穴内,使根系舒展、树干挺直,再逐层加土踏实,浇足定根水,最后覆盖一层细土,以减少水分蒸发,利于成活。

2.扦插繁殖 选择当年新生、木质化程度较低的嫩枝作插穗,扦插前 5 天剪去顶芽,这样可使嫩枝生长得更加粗壮,扦插后也容易发根。将插穗剪成 6~8 cm 长,每枝保留 2~3 片叶,将距离最下端叶 0.5~1 cm 的地方削成光滑的马耳形,插入湿沙或珍珠岩的基质中 3 cm。插后每天浇水 2~3 次,经 15~40 天可长出新根,应及时移入苗圃地,培育 1 年后即可定植。

3. 根插繁殖 在苗木出圃时,修剪苗根。取径粗 1~2 cm 的根,剪成 10~15 cm长的根段进行扦插,粗的一端微露于地表,在断面下方可萌发新梢,成苗率可超过 95%。

4. 伤根繁殖 将 10 年生以上、长势良好的杜仲树根皮挖伤,覆土少许,在根皮伤口处便能萌生出新苗,1 年后即可将其挖出移栽。

(三)田间管理

1. 育苗期苗圃管理

(1)间苗与补苗:杜仲幼苗长出 3~5 片真叶时,按 6~8 cm 的株距间苗、补苗,拔除弱苗和病苗。

(2)灌溉与排水:杜仲幼苗不耐干旱,在幼苗期要注意保持土壤湿润。多雨季节要清理好排水沟,及时排除积水,以免影响幼苗生长。

(3)中耕除草:除草时要做到随生随除,保持苗圃无草。一般中耕 3~4 次。

(4)追肥:在间苗后要及时追肥。4~8 月为杜仲的追肥期,每次每亩用充分腐熟的人粪尿 1000 kg、硫酸铵或尿素 5~10 kg,加水稀释后施入,每隔 1 个月追肥一次。立秋后可最后一次追施草木灰或磷、钾肥 5 kg,以利于幼苗生长和越冬。

2. 定植园管理

(1)中耕除草:定植后 1~4 年内,每年生长季节下雨或浇水后及时中耕除草。杜仲成林郁闭后,可每隔 3~4 年于夏季中耕除草一次或冬季深翻一次,保持土壤疏松湿润,以利于根系发育,促进幼林生长。

(2)水肥管理:杜仲定植当年要经常浇水,保持土壤湿润。每年 4 月为杜仲树高生长高峰期,应于春季每株施碳酸氢铵 20 kg。5~7 月为杜仲树径加速生长期,可于夏季每株施碳酸氢铵 20 kg、过磷酸钙 50 kg 和氯化钾 10 kg。冬季每株环状沟施有机肥 125 kg。施肥必须在雨后或浇水后进行。施肥深度为 20 cm,以提高肥效利用率。如有条件,可以施用杜仲专用肥,施用专用肥能显著地促进杜仲树高和树径的增长。

(3)修剪:苗木定植后,待萌条生长至 50 cm 以上时及时摘心,以控制萌条生长,促使主干加粗。为获得通直的主干,对定植一年的苗,弯曲不直的可于幼树当年落叶至第二年萌发前 15 天将主干剪去平茬。平茬部位在离地面 2~4 cm 处,平茬后剪口处的萌条除留一根粗壮萌条外,其余除去。留下的萌条在生长过程中腋芽会萌发,必须及时抹去腋芽。一般当年幼树高度为 2.5~3 m 或以上。以后每年冬季将主干下部萌条及时剪去,控制主干高度在 2.5 m 左右。

(4)喷施激素:杜仲苗木定植后,从第二年开始,可喷施激素"杜皮厚",以促使杜仲树干增粗加快,树皮加厚。喷施激素的杜仲比不喷施的增产 30% 左右。

（四）病虫害防治

1.立枯病　多在土壤黏重、排水不良的苗圃地或阴雨天发病。幼苗常在 4 月中旬至 6 月中旬发病，病株靠近地面的茎秆皱缩、变褐、腐烂，以致站立或倒伏死亡。其症状主要表现为烂芽、猝倒、根腐等。

防治方法：①选择疏松、肥沃、湿润、排水良好、pH 为 5～7.5 的土壤。②土壤消毒：用 1％～3％硫酸亚铁溶液喷洒，每平方米用药 4.5 kg，7 天后播种。③种子消毒：在种子处理前用 1％高锰酸钾溶液浸泡种子 30 min。④药剂防治：用 1∶1∶200 倍波尔多液（每 2.5 kg 加赛力散 10 g）进行喷洒，10～15 天一次，共 3 次；或用 50％托布津 400～800 倍液、退菌特 500 倍液、25％多菌灵 800 倍液喷洒。

2.角斑病　一般 4～5 月开始发病，7～8 月为发病盛期。主要为害叶片，病叶枯死早落，病斑多分布在叶片中间，出现暗褐色多角形斑块，叶片背面病斑颜色较浅。秋季病斑上会长黑灰色霉状物，即病菌的分生孢子和分生孢子梗。随后叶片变黑脱落。

防治方法：①加强抚育，增强树势。②冬季清除落叶，集中烧毁或深埋，减少传染病源。③初发病时及时摘除病叶。④发病后每隔 7～10 天喷施一次 1∶1∶100 倍波尔多液，连续喷 3～5 次。

3.灰斑病　4 月下旬开始发病，梅雨季节病害迅速蔓延，6 月中旬至 7 月下旬为发病高峰期。主要为害叶片，病斑先从叶缘或叶脉处产生，初为紫褐色或淡褐色，后扩大成灰色或灰白色凹凸不平的斑块，病斑上散生黑色霉层，即病菌的分生孢子和分生孢子梗。

防治方法：参照角斑病的防治方法。也可在孢子萌发前喷 0.3％五氯酚钠或一定浓度的石硫合剂。

4.刺蛾　别名"洋刺子""雀翁虫"等，夏、秋季发生，幼虫蛀食叶片，造成孔洞和缺刻。

防治方法：发生期用 90％敌百虫 800 倍液或青虫菊粉（每克含孢子 100 亿）500 倍液加少量 90％敌百虫喷雾。

五、采收与产地加工

（一）采收

定植 10～15 年后，选择粗大的树干，在每年的 4～6 月间进行剥皮，此时温度高、空气湿度大，树木生长旺盛、体内汁液多，容易剥皮，而且树皮的再生能力强，有利于新皮再生。最好选择在多云或阴天时进行，如果是晴天，宜在下午 4 点以后采收。采收方法主要有部分剥皮法、砍树剥皮法和大面积环状剥皮法。现在生长期多采用大面积环状剥皮法。

1.部分剥皮法　在离地面 10～20 cm 以上部位,交错地剥落树干周围面积 1/3～1/4 的树皮,每年可更换部位,如此陆续局部剥皮。

2.砍树剥皮法　为保护资源,此法多在老树砍伐时采用,于齐地面处绕树干锯一环状切口,按商品规格向上再锯第二道切口,在两切口之间纵割环剥树皮,然后把树砍下,如前法剥取,不合长度的和较粗树枝的皮剥下后作碎皮供药用。茎干的萌芽和再生能力强,砍伐后如能在树桩上斜削平切口,可使杜仲很快萌发新梢,育成新树。

3.大面积环状剥皮法　剥皮时先在树干上部分叉处的下方横割一圈,在离地面 10 cm 处横割一圈,然后从上到下纵割一刀,深达韧皮部,但不要伤害木质部,注意用手轻轻挑开树皮并剥下。剥皮时动作要轻,不能戳伤木质部外层的幼嫩部分,更不能用手触摸,否则会变黑死亡。10 年生杜仲环剥后经过 3 年新皮能长到正常厚度,可再行剥皮。

杜仲剥皮后要注意养护,一般剥皮后 3～4 天表面呈现淡黄绿色,表明已形成愈伤组织,会逐渐长出新皮。剥后表面呈现黑色则预示植株不久就要死亡。剥皮后为避免烈日曝晒,应及时用地膜或薄膜包扎剥面,注意上紧下松,以防雨水渗入,待 1 个月后解开包扎物。也可用牛皮纸包扎或用原皮包裹。剥前适当浇水,剥后 24 h 内避免阳光直射。当年冬季注意防寒。

此外,为了增加收入,定植 4～5 年以后的杜仲树可以开始采叶。可根据不同药用需求,选择不同时间采摘杜仲叶。提取杜仲胶用的可于落叶后扫集,拣去枯枝烂叶即可。

(二)产地加工

将剥下的树皮用开水烫后,将杜仲皮两两内面相对,以稻草垫底,放置于平地,层层紧实重叠,用木板加石头压平,四周以稻草盖严,使之发汗。经 1 周左右,在中间抽出一块进行检查,呈紫色者,即可取出晒干,刮去粗糙表皮。

(三)商品规格

杜仲以皮厚、块大、去净粗皮、断面丝多、内表面暗紫色者为佳。

特等:干货。呈平板状,两端切齐,去净粗皮。表面呈灰褐色,里面黑褐色。质脆。断处有胶丝相连,味微苦。整张长 70～80 cm,宽 50 cm 以上,厚 0.7 cm 以上,碎块不超过 10%。无卷形、杂质、霉变。

一等:干货。呈平板状,两端切齐,去净粗皮。表面呈灰褐色,里面黑褐色。质脆。断处有胶丝相连,味微苦。整张长 40 cm 以上,宽 40 cm 以上,厚 0.5 cm 以上,碎块不超过 10%。无卷形、杂质、霉变。

二等:干货。呈板片状或卷曲状。表面呈灰褐色,里面青褐色。质脆。断处有胶丝相连,味微苦。整张长 40 cm 以上,碎块不超过 10%。无杂质、霉变。

三等:干货。凡不合特、一、二等标准,厚度最薄小于 0.2 cm,包括枝皮、根皮和碎块,均属此等。无杂质、霉变。

第二节　牡丹皮的栽培技术

一、概述

牡丹皮为毛茛科植物牡丹 *Paeonia ostii* T. Hong et J. X. Zhang 的根皮,又名"药牡丹""凤丹""丹皮""粉丹皮""木芍药""条丹皮"等,为常用的清热凉血类中药。牡丹皮性微寒,味辛、苦,入心、肝、肾经,有清热凉血、活血化瘀等功效,常用于阴虚发热、无汗骨蒸、血滞闭经等症。《中国药典》记载,按干燥品计算,本品含丹皮酚($C_9H_{10}O_3$)不得少于 1.2%。牡丹皮主产于安徽、山东、河南、河北、湖北等地,尤以安徽铜陵、南陵两地交界的凤凰山所产的凤丹质量最佳,畅销海内外。

二、形态特征

牡丹为多年生落叶小灌木。主根圆柱状而粗壮,最长能超过 2 m,根表面淡黄褐色,根皮肥厚。茎直立,通常高 0.5 m,分枝短而粗壮,当年生枝绿色,二年生枝灰色。叶互生;叶片通常为二回三出复叶。茎上部常为单叶;小叶片披针形,顶生小叶常为 2~3 裂,常全缘;叶片上面深绿色,下面淡白绿色。花单生枝顶或腋生,花大形;花梗长,并有披针形苞片。花萼具 5 枚萼片,绿色。花冠为单瓣或重瓣,花瓣有淡紫红色、白色等各种颜色。雄蕊多数,离生雄蕊 3~8 枚;子房花瓶状,密生白色短茸毛,1 室,边缘胎座,多数胚珠。蓇葖果卵形,绿色,腹缝线开裂。种子三角状近圆形,外表黑褐色,种子一端具明显种脐,坚硬,有光泽。花期 4~5 月,果期 5~8 月。

三、生长习性

丹皮喜温和气候,较耐寒,耐旱,怕高温、酷日烈风和积水涝渍,宜种在土层深厚、排水良好、土质疏松肥沃的沙质壤土或粉沙土里,盐碱地不宜栽种。

四、栽培技术

(一)选地整地

应选择阳光充足、排水良好及地下水位较低的地方种植。土壤以肥沃的夹沙土或泥沙土为最好,黏土、盐碱地及低洼地均不宜栽培。前作以芝麻、花生、黄豆为好,玉米地忌连作,要间隔 3~5 年再种。整地要求深耕细作,耕翻 3 次,深 60~

75 cm,注意翻地时要保证平整,以防积水腐烂。

(二)繁殖方法

牡丹品种较多,由于品种和栽培目的不同,繁殖方法也不一样,分有性繁殖(种子繁殖)和无性繁殖(分株、嫁接和扦插)。

1.种子繁殖　7月底至8月初种子陆续成熟时,分批采收,当果实呈蟹黄色时摘下,放在室内阴凉潮湿的地方,使种子在壳内后熟,并经常翻动,以免发热。待大部分果实开裂,种子脱出后,即可进行播种。

播前选粒大饱满的做种子,用50 ℃温水浸种24~30 h,使种皮变软,吸水膨胀,易于萌发。一般在9月中下旬播种,不可晚于9月下旬,若播种过晚,则当年发根少而短,第二年出苗率低,生长差。播种前施足基肥,将土地深耕细耙,做成120~150 cm宽的平畦,将当年采收的新鲜种子拌湿草木灰后播下,条播或撒播均可。条播行距6~9 cm,沟深3 cm左右,将种子每隔0.9~1.5 cm一粒均匀播于沟内,然后覆土盖平,稍压,每亩用种量为25~35 kg。撒播时先将畦面表土扒去3 cm深,再将种子均匀地撒入畦面,然后用湿土覆盖3 cm左右,稍压,每亩用种量约为50 kg。为防止冬季干旱,可在覆土后用高粱秆顺畦放两根作标记,在上面再覆土6 cm厚,或盖1.5~3 cm厚的牛马粪或厩肥,以防寒保湿。

翌年早春,扒去墒土、覆盖的牛马粪或茅草,幼苗出土前浇一次水,以后遇干旱亦需浇水,雨季排除积水,并经常松土除草。出苗后于春、夏季各追施腐熟饼肥或人粪尿一次,并注意防治苗期病虫害。管理好长势强的小苗,当年秋季(9月内)可移栽;生长不良的小苗应2年后移栽。移栽也需施足底肥,按行株距45 cm×(30~45) cm刨坑,深24~30 cm,每坑栽大苗1株或小苗2株。填土时注意使根伸直,填一半时将苗轻轻往上提一下,使根舒展不弯曲,将周围泥土压实,并在顶芽上培土2~9 cm成小堆,以防寒越冬。

2.分株繁殖　于9月下旬至10月上旬收获丹皮时,将刨出的根大的切下作药,选部分生长健壮、无病虫害的中小根,从根状茎处劈开,分成数棵,每棵留芽2~3个。在整好的土地上按行株距60 cm×60 cm刨坑,坑深45 cm左右,坑直径18~24 cm,栽法同小苗移栽,并用土将保留的枝条埋住,最后封土成堆,高15 cm左右。天旱时,栽后半个月浇水,不要立即浇水。

(三)田间管理

在生长期要经常松土除草,每年7~10次,雨后及时划锄,保持土表不板结,地内无杂草。牡丹喜肥,除施足底肥外,每年春、秋季各追肥一次,每次每亩可施土杂肥2500~3000 kg,也可施饼肥150~250 kg。在行间开15 cm左右的沟,将肥料撒在沟内,松土盖好。如遇天旱,施肥后应浇水,浇水在傍晚进行。雨季注意及时排除积水。每年春季现蕾后,除留种子者外,其余花蕾都应及时摘除,使养分供根系生长发育。秋后封冻前可培土 15 cm 左右或盖茅草,用于防寒过冬。

(四)病虫害防治

1. 灰霉病 主要为害牡丹下部叶片,其他部分也可受害,阴雨潮湿时发病较多。

防治方法:①选择无病种苗,清洁田间。②发病初期,喷 50% 甲基托布津 500~1000 倍液或 50% 多菌灵 800 倍液。

2. 叶斑病 叶片上病斑呈圆形,直径 2~3 mm,中部黄褐色,边缘紫红色。

防治方法:同灰霉病的防治方法。

3. 锈病 5~8 月发生,主要为害叶片。

防治方法:①选择排水良好的地块,高畦种植。②秋季枯萎后做好田间病残株处理工作,将病残株烧埋,减少越冬病原体。③发病初期喷 97% 敌锈钠 200 倍液。

4. 蛴螬与蝼蛄 发生时可用毒饵诱杀。

五、采收与产地加工

分株繁殖生长 3~4 年,种子播种 5~6 年即可收获。9 月下旬将根部深挖起,去净泥土,去掉须根,用手紧握鲜根,抽出木心,按根条粗细分成三级,晒干。用竹刀或碎碗片刮去外皮,即成刮丹皮(粉丹皮);不去外皮只抽木心晒干者为连丹。一般每 3 kg 鲜根可加工成 1 kg 丹皮,正常产量每亩收丹皮可达 500 kg。

第九章 叶类、全草类药用植物

第一节 桑的栽培技术

一、概述

桑叶为桑科植物桑 *Morus alba* L. 于霜降后采收的干燥叶。桑叶味苦、甘,性寒,入肝、肺二经,能疏散风热、清肺润燥、平肝明目、凉血止血,主治风热感冒、肺热燥咳、头晕头痛、目赤昏花等。《中国药典》记载,按干燥品计算,本品含芦丁($C_{27}H_{30}O_{16}$)不得少于 0.10%。根皮入药称桑白皮;花序入药称桑葚。桑叶主产于安徽、河南、浙江、江苏、湖南等地。

二、形态特证

桑为落叶小乔木或灌木,高达 15 m 左右。根皮黄色、红黄色或黄棕色,纤维性极强。叶互生,卵圆形或宽卵形,长 7～15 cm,宽 5～12 cm,先端尖,基部近心形,叶缘有粗锯齿,叶面鲜绿、无毛、有光泽。叶背颜色略淡,叶脉具疏毛,并具腋毛,基出三脉。春、夏季开绿色花,单性。雌雄异株,均为穗状花序,雄花花被片 4 枚,雄蕊 4 枚,中央有不育雌蕊;雌花花被片 4 枚,无花柱或花柱极短,柱头 2 裂,宿存;聚合果又名"桑葚",初绿,后变黑紫,也有白色。花期 4 月,果熟期 5～7 月。

三、生长习性

深厚、疏松、肥沃的土壤适合桑树的栽培,靠近排出废气、废水、废渣的砖瓦厂、化工厂等的土地不宜种桑。桑树根系发达,萌发力强,生长快速,喜光。其枝条密度中等,能适应旱、湿、寒、温等多种环境,并且抗碱力强。桑树芽的生长集中于 3 月中下旬至 5 月上旬、6 月至 8 月上旬、8 月下旬至 9 月下旬。桑叶生长的最适温度为 23～27 ℃。

四、栽培技术

(一)选地整地

选择土层深厚、疏松、肥沃的土壤,并且远离污染源,要求能灌能排,最好选择水田。此外,零星的山地、坡地、河滩地等也可以种植桑树。

（二）繁殖方法

桑树的繁殖方法主要是采用桑苗繁殖和桑枝繁殖。

1.桑苗繁殖　种前先用磷肥加黄泥水浆根，可以提高成活率。坡地及半旱水田平沟种，水田起畦种，可以根据实际情况按需要的规格拉线种植。种后回土至青茎的位置，踩踏板实后淋足定根水。种后遇上干旱时节要及时淋水，若雨涝渍水，则需要及时排水，有缺苗的地方及时补上。

桑树新梢长到 10 cm 高时施第一次肥，每亩施粪水及尿素 3～5 kg。长到 15 cm高时，结合除草施第二次肥，每亩用农家肥 250～500 kg、复合肥 20 kg、尿素 10 kg，肥料离桑苗 7.5 cm 远，防止烧苗，必要时要开沟深施回土。第二次施肥后可选择喷洒乙草胺、异丙甲草胺等旱地除草剂一次。隔 20 天后施第三次肥，每亩施生物有机肥 50 kg、尿素 20 kg，同时喷一次乐果和敌敌畏。

2.桑枝繁殖　种前选择土质肥沃、不渍水的旱水田，犁好耙平。枝条应选择近根 1 m 左右的成熟枝条，种植时间选择在 12 月，随剪随种，方法有垂直法和水平埋条法。

（1）垂直法：将桑枝剪成约 12 cm（带 3～4 个芽）长，把枝条垂直摆在开好的沟内（芽向上），回土埋枝条（露 1 个芽），压实并淋足水，用薄膜盖住，保持 20 天湿润，待出芽后去掉薄膜。

（2）水平埋条法：平整土地后，按实际需要开好约 4 cm 深的沟，然后把剪好的约 65 cm 长的枝条平摆 2 条（为了保证发芽数），回土约 2.5 cm 深，轻压后淋水，覆盖薄膜，待出芽后去膜。

待芽长高至 12.5 cm 后，结合除草每亩薄施农家肥 150～200 kg、尿素7.5 kg。20 天后再施一次，每亩施复合肥 30 kg、尿素 15 kg，施肥后进行除虫管理。

（三）田间管理

1.覆盖　用稻草、杂草覆盖地面或桑行，保水防旱，减轻植株失水，抑制杂草丛生，防止土壤板结，培肥土壤。

2.防旱与排水　桑叶含水量一般为 75% 左右，含水量低于 70% 时桑叶生长将受影响，含水量低于 50% 时要及时灌溉。漫灌、沟灌、喷灌和淋水等方法均可。同样，土壤水分也不能过多，雨季地下水位较高，此时低洼的土地应排除积水。

3.除草与松土　雨后土壤容易板结，应结合除草进行松土，利于桑根生长。

4.施肥

（1）肥料种类：对药用桑园施肥，一般推荐用粪肥、饼肥、土杂肥、堆肥、塘泥、绿肥等有机肥料；此外，辅以复合肥、尿素、过磷酸钙、氯化钾、硫酸钾、草木灰、石灰等无机肥料以及微量元素肥料等。

（2）施肥方法：①有机肥。粪肥、饼肥等必须经过腐熟后才能施入桑园。一般在冬季剪伐后施入,也可在夏伐后和其他时间使用,开沟施入。土杂肥、绿肥量多,也可铺在行间。发芽阶段淋粪肥,肥效较快。②复合肥、尿素、过磷酸钙、有机复合肥等也可作基肥,一般应开沟施入。将全年施肥量合并,分春、夏季两次开深沟施下,上半年量占60%,下半年量占40%。覆土压实后加盖杂草或绿肥。③叶面肥。磷酸二氢钾、叶面宝、喷施宝等叶面肥对桑叶增产或叶质提高有一定效果。

5.补株 桑园缺株会影响产量,发现缺株时应及时补种。种桑时应留一些预备株,或在密植处间出部分植株,用来补缺。同时加强管理,促使其生长。

6.剪伐与整形

(1)剪伐:合理的剪伐能减少花果,促进叶片营养生长,更新枝条,调整通风透光环境,促进新梢旺盛生长,减少病虫害,从而增加产叶量和提高叶质。药用桑叶多采用冬伐,采用齐拳剪伐的方式(留主杆高45 cm左右)。因每次剪伐都在同一部位,故形成拳头树权。齐拳剪伐就是在拳部树权处的枝条基部进行平剪。采用这种方式剪伐的枝条数量较多,产量较稳定。

(2)整形:栽培当年发芽前进行苗木定干,高度为35 cm,在剪口下15 cm的地方留3~5个芽,培养3个主枝。第二年春季发芽前,对第一层主枝进行短截,截留长度为85 cm,发芽后选留第二层培育6个侧枝。第三年春季发芽前,对6个侧枝进行短截,截留长度为120 cm。

(四)病虫害防治

1.细菌性青枯病 主要为害叶片,病株出现青枯。剥开根基部皮层,可见木质部有褐色条纹。

防治方法:加强田间管理,挖除病株,病穴用生石灰进行土壤消毒。发病初期用72%农用硫酸链霉素可湿性粉剂4000倍液喷洒或灌根,或用14%络氨铜水剂350倍液喷洒或灌根,每隔7~10天喷一次,连续喷2~3次。

2.桑象虫 冬季用4~5波美度石硫合剂涂干拳,春季萌芽前用50%杀螟松或甲胺磷1000倍液喷雾。

3.桑瘿蚊、桑粉虱、金龟子等 用80%敌敌畏800~1000倍液进行防治,每隔7天喷一次,连续喷2~3次。

五、采收与产地加工

桑叶多于霜降后9月至10月间采收(故名"霜桑叶"),采收自落或用杆子打下者,去除杂质晒干即可。

桑白皮(根皮)于冬季采挖,洗净,刮去表面黄色粗皮,纵向剖开皮部,以木槌轻击,使皮部与本部分离,剥取皮部晒干。

桑葚(果穗)于4~6月果实变红时采收,晒干,或略蒸后晒干。

第二节　薄荷的栽培技术

一、概述

薄荷为唇形科植物薄荷 *Mentha haplocalyx* Briq. 的干燥地上全草。薄荷味辛、性凉,归肺、肝经,具有宣散风热、清头目、透疹等功效,主治风热感冒、头痛、咽喉肿痛、无汗、风火赤眼、风疹、皮肤发痒等症。《中国药典》记载,本品含挥发油不得少于 0.80%(mL/g)。薄荷主产于江苏、安徽、江西等省,全国各地均有栽培。产于江苏太仓的苏薄荷为道地药材,品质最优。

二、形态特征

薄荷为多年生草本植物,高 30~100 cm。具水平匍匐根状茎,茎下部数节具纤细的根。茎直立,锐四棱形,多分枝。叶对生,长圆状披针形至长圆形,先端急尖或锐尖,基部楔形至近圆形,边缘在基部以上疏生粗大的牙齿状锯齿,两面常沿叶脉密生微柔毛,其余部分近无毛。轮伞花序腋生,花冠淡紫色,外被微柔毛,内面喉部以下被微柔毛,冠檐 4 裂,上裂片顶端 2 裂,较大,其余 3 裂近等大,雄蕊 4 枚,2 强。小坚果卵球形,黄褐色。花期 7~10 月,果期 8~11 月。

三、生长习性

薄荷喜阳光充足、温暖湿润的环境。土壤以疏松肥沃、排水良好的夹沙土为好。耐热、耐寒能力强。营养生长最适温度为 20~25 ℃;生育期间最适温度为25~30 ℃,温差越大,越有利于薄荷油的积累。生长前期和中期要求土壤湿润,封行后以稍干为好,否则影响产量和品质。干旱及光照充足对薄荷油、薄荷脑的形成积累有利。不宜连作,否则会导致品种退化及杂化,病害加重。

四、栽培技术

(一)选地整地

薄荷对土壤要求不严,除了过酸和过碱的土壤外都能栽培。选择有排灌条件、光照充足、土地肥沃、地势平坦的沙壤土种植。光照不足、干旱、易积水的土地不宜栽种。结合深翻每亩施入腐熟的堆肥、土杂肥、过磷酸钙、骨粉等基肥2500~3000 kg,整平耙细,浅锄一遍,做成 1.2 m 宽的畦。

(二)繁殖方法

薄荷的繁殖方法主要有根茎繁殖和分株繁殖两种。种芽不足时可用扦插繁殖。

1. 根茎繁殖　在田间选择生长健壮、无病虫害的植株作母株,挖起后移栽到另一块栽植地上,按行株距 20 cm×10 cm 栽植,栽培时挖起作种根;也可在收割薄荷后,将根茎留在原地培育,栽种时挖起作种根。培育 1 亩种根可供大田移栽 7~8 亩。

薄荷的根茎无休眠期,只要条件适宜,一年四季均可播种,但一般在 10 月下旬至 11 月或第二年 3~4 月播种,以 10 月下旬至 11 月栽培为好,生根快,发棵早。

栽培时选择节间短、色白、粗壮、无病虫害的作种根。在整好的畦面上,按行距 25 cm 开沟,深 6~10 cm,将种根切成 6~10 cm 长的小段排放入沟内,株距 15 cm 左右。浇施稀薄人粪尿,播种后及时覆土,避免根茎风干、晒干,然后耙平压实。

2. 分株繁殖　选择生长旺盛、品种纯正、无病虫害的植株留作种用。秋季地上茎收割后立刻进行除草、追肥,第二年 4~5 月(清明至谷雨期间),当苗高 6~15 cm 时,将老薄荷地里的苗连土挖出根茎进行移栽,按行株距 20 cm×15 cm 挖 6~10 cm 深的穴,每穴栽 2 株,浇施稀薄人粪尿后覆土压紧。本法的繁殖系数较根茎繁殖低,可用来选育优良品种。

3. 扦插繁殖　在 5~6 月将地上茎枝切成 10 cm 长的插条,在整好的苗床上按行株距 7 cm×3 cm 进行扦插育苗,待生根发芽后移植到大田培育。此法可获得大量营养苗,但生产上一般不采用。该法多用于选种和种根复壮。

(三)田间管理

1. 查苗补苗　4 月上旬移栽后,当苗高 10 cm 时,要及时查苗补苗,保持株距 15 cm 左右,每亩留苗 2 万~3 万株。

2. 中耕除草　第一次中耕除草在移栽成活后或苗高 7~10 cm 时进行,中耕宜浅。因薄荷根系大部分集中于表土层 15 cm 左右处,故不宜深锄,以免伤根。第二次于植株封行前进行,也宜浅锄表土。第三次于第一次收割薄荷后进行,在除净杂草的同时铲除老根茎,以促进新苗萌发。最后一次收割后再进行一次中耕除草,并结合清洁田园将枯枝病叶集中烧毁或深埋。

3. 追肥　每次中耕除草和薄荷收割后都应追肥,以氮肥为主,配合施磷、钾肥和饼肥效果更好。如果单一施氮肥,植株易徒长,叶片变薄,而且容易倒伏落叶。第一次可每亩浇施人畜粪水 1000~1500 kg,以后每次结合中耕锄草每亩施三元复合肥 40~60 kg,在行间开沟深施,施后覆土。最后一次冬肥每亩用厩肥 2500 kg 与饼肥 50 kg,混合堆沤后,于行间开沟施入,施后覆土盖肥,以利于第二年春季出苗整齐,生长健壮。

4. 灌溉与排水　遇高温干燥以及伏旱天气时,应及时于早晚浇水,抗旱保苗。

每次收割后要及时浇水湿润土壤,以利于萌发新苗。大雨后要及时疏沟排水,田间不能积水。

5.摘心打顶　如果植株密度不大,应在5月晴天中午摘去顶芽,即摘去顶上二层幼叶,可促进多分枝,有利于增产。分株繁殖的幼苗生长较慢,而且密度也较小,通过打顶可促进侧枝生长,增加密度,促进丰产。密度大的地块禁止摘心。

6.除杂　薄荷种植几年后会出现退化混杂现象,主要表现为植株高矮不齐,叶色、叶形不正常,成熟期不一,抗逆性减弱,薄荷油产量下降。当发现野杂薄荷后,应及时去除,越早越好,最迟在地上茎长至八对叶之前去除,因为此时地下茎还未萌生,可以拔得干净彻底。除杂宜选雨后土壤松软时进行,既省力,又能减少对周围薄荷的影响。除杂工作要反复进行,二刀薄荷也要除杂2～3次。

(四)病虫害防治

1.锈病　5～7月阴雨连绵或过于干旱时容易发病。开始时在叶背出现橙黄色粉末状物,即病菌的夏孢子堆。后期发病部位长出黑色粉末状物,即病菌的冬孢子。严重时叶片枯萎脱落,甚至全株枯死。

防治方法:①加强田间管理,改善通风透光条件,降低田间湿度。②发病初期喷25%粉锈宁1000～1500倍液、20%萎锈灵200倍液或65%代森锌500倍液。③用1∶1∶200倍波尔多液喷雾。使用药剂防治时,在收割前20天停止喷药。

2.斑枯病　5～10月发生于叶部。初时叶两面出现近圆形病斑,很小,呈暗绿色。后期病斑逐渐扩大,近圆形,直径为0.2～0.4 cm,或呈不规则形状,暗褐色。老病斑内部褪成灰白色,呈白星状,上生黑色小点,有时病斑周围仍有暗褐色带。严重时叶片枯死、脱落,植株死亡。

防治方法:用65%代森锌可湿性粉剂500～600倍液或1∶1∶200倍波尔多液喷雾。收获前20天应停止喷药。

3.小地老虎　春季小地老虎的幼虫咬断薄荷幼苗,造成缺苗断苗。

防治方法:①清晨人工捕捉幼虫。②每亩用90%晶体敌百虫0.1 kg与炒香的菜籽饼(或棉籽饼)5 kg做成毒饵,撒在田间诱杀。③每亩用2.5%敌百虫粉剂2 kg拌细土15 kg,撒于植株周围,结合中耕,使毒土混入土内,可起到防虫保苗的作用。

4.银纹夜蛾　幼虫咬食薄荷叶子,造成孔洞或缺刻。5～10月均有虫害,以6月初至头刀收获间虫害最重。

防治方法:用90%晶体敌百虫1000倍液喷杀。

此外,病虫害还有斜纹夜蛾、蚜虫、尺蠖等。斜纹夜蛾可按银纹夜蛾的方法进行防治,蚜虫、尺蠖等按常规方法进行防治。

五、采收与产地加工

(一)采收

北方每年可收割 2 次,头刀在 6 月下旬至 7 月上旬进行,但不得迟于 7 月中旬,否则影响第二刀产量。第二刀在 9 月下旬至 10 月上旬开花前进行。南方可收割 3 次,分别在 6 月上旬、7 月下旬和 10 月中下旬进行。

收割时,选择连晴天在中午 12 点至下午 2 点进行,此时收割的薄荷叶中所含薄荷油、薄荷脑量最多。每次收获时用镰刀齐地面将上部茎叶割下,留桩不能过高,否则影响新苗的生长。田间落叶也可扫集起来用于提取薄荷油或薄荷脑,增加收入。

(二)产地加工

1.薄荷全草 薄荷割回后,立即摊开阴干或晒干,不能堆积,以免发酵。晒时忌雨淋和夜露,晚上和夜间将薄荷移到室内摊开,防止变质。晒至七八成干时,扎成小把,继续晒干。

2.薄荷油 多采用水蒸气蒸馏法提取薄荷油。蒸馏设备由蒸馏器、冷凝管和油水分离器三部分组成。薄荷割回后晒至半干,将茎叶装入蒸馏器内,再加 1/3 的水,盖紧密封后加热。当温度上升至 100 ℃左右时,产生大量的水蒸气,通过导管进入冷凝管。水蒸气遇冷后凝聚成液体,这种含油和水的液体流入油水分离器,再经过分离,即得薄荷油。一般 100 kg 薄荷茎叶可出油 1 kg 左右。

3.薄荷脑 将薄荷油放入铁桶内,埋入冰块中(冰块由加 1％氯化钠的水制成),使温度下降至 0 ℃以下,薄荷油便结晶成薄荷脑析出,再经干燥即得薄荷脑粗制品。一般薄荷油中含薄荷脑 80％左右。

(三)商品规格

薄荷全草入药,以身干、满叶、叶色深绿、茎紫棕色或淡绿色、香气浓郁者为佳。

第三节 半枝莲的栽培技术

一、概述

半枝莲为唇形科植物半枝莲 *Scutellaria barbata* D. Don 的干燥全草。半枝莲味辛、苦,性寒,归肺经、肝经、肾经,主治热毒痈肿、咽喉疼痛、肺痈、肠痈、瘰疬、毒蛇咬伤、跌打损伤、吐血、衄血、血淋、水肿、腹水等。《中国药典》记载,按干燥品计算,本品含总黄酮以野黄芩苷($C_{21}H_{18}O_{12}$)计,不得少于 1.50%。半枝莲主产于华北、华南、西南等地,多为野生来源。

二、形态特证

半枝莲为多年生草本植物,须根,常有匍匐的根状茎。地上四方茎,直立,高 15~50 cm。叶对生,卵形至披针形,长 7~32 mm,宽 4~15 mm,基部截形或心脏形,先端钝形,边缘具疏锯齿;茎下部的叶有短柄,顶端的叶近于无柄。轮伞花序有花 2 朵,集成顶生和腋生的偏侧总状花序。苞片披针形,上面及边缘有毛,背面无毛。花柄长 1~15 mm,密被黏液性的短柔毛。花萼钟形,顶端 2 唇裂,在花萼管一边的背部常附有盾片。花冠浅蓝紫色,管状,顶端 2 唇裂,上唇盔状、3 裂,两侧裂片齿形,中间裂片圆形,下唇肾形。雄蕊 4 枚,2 强,不伸出。子房 4 裂,花柱完全着生在子房底部,顶端 2 裂。小坚果球形,横生,有弯曲的柄。花期 5~6 月,果期 6~8 月。

三、生长习性

野生半枝莲多生长于池沼边、田边或路旁潮湿处。喜温暖湿润、半阴半阳的环境,对土壤条件要求不高。过于干燥的土壤不利于半枝莲的生长。种子的适宜萌发温度为 25 ℃,寿命为 1 年。

四、栽培技术

(一)选地整地

土地选择以山区和丘陵稻田尤为适宜。野生半枝莲常生长在丘陵和平坦地区的田边或溪沟旁,过于干燥的地区生长不良。土壤以疏松、肥沃的夹沙土为好。由于半枝莲的适应性强,各地均可播种。播种前将土地耕翻一次,施足基肥,结合整地每亩施入腐熟厩肥或堆肥 1000 kg、饼肥或复合肥 25 kg,再做成 1.3~1.5 m 宽的高畦,并开好排水沟,耙平,整细。

(二)繁殖方法

繁殖方法以种子繁殖为主,亦可分株繁殖。

1. 种子繁殖

(1)采种:种子来自于野生植株壮实的个体。秋季野生植株的籽粒转变为黄褐色时,应及时采集。采后晒干,除去杂质,装入布袋,置于干燥通风处贮藏备用。

(2)育苗与移栽。

①育苗。春季于 3~4 月、秋季于 9~10 月在整平耙细的苗床上按行距 15~20 cm 开浅沟条播,沟深 4~6 cm。播幅宽 10 cm,沟底铺撒适量的火土灰,沟内浇

水或稀薄的人粪尿,然后均匀地撒上用细土拌好的种子,上面再撒一层薄薄的细火土灰或细黄土,最后盖上稻草等覆盖物。苗床经常保持湿润,一般半个月左右发芽出苗。出苗后揭去盖草,加强苗期管理,待出土幼苗高于 5 cm 时即转栽于大田。

②移栽。春季所育的幼苗在秋季 9～10 月移栽,秋季所育的幼苗于第二年春季 3～4 月移栽。按行距 25～30 cm 开横沟,每隔 7～10 cm 栽 1 株。穴栽按行株距各 20 cm 栽培,每穴栽 1 株,栽后覆土压实,浇透定根水。

(3)直播:一般在春季进行。在整好的畦面上按行距 30 cm 开沟,沟深 3～5 cm,将用细火土灰或细黄土拌匀的种子均匀地撒入沟内,覆上一层薄薄的细肥土,再盖上草,保持土层湿润。半个月左右出苗,齐苗后揭去盖草,做好苗期管理,每亩用种量约为 1 kg。

2.分株繁殖　在秋季收获后,将老株连同须根一同挖出。选择生长健壮、无病虫害的个体,分成数小株(所分的小株上须根数在 10 根左右),然后在整好的栽种地上按行距 30 cm、株距 7～10 cm 挖穴,每穴栽入分好的小株。栽后覆土压实,施入稀薄的人畜粪水,翌年春季萌发出苗。

(三)田间管理

1.中耕除草与追肥　待苗高 1～2 cm 时,结合除草浇施一次稀薄的人粪尿水,每亩施 1000 kg 作提苗肥。待苗高 3～4 cm 时,按株距 3～4 cm 定苗、补苗,而后各施一次人粪尿水。采用分株繁殖时,当根蔸萌发新苗后,结合中耕除草追肥一次,以后要保持田间无杂草。每次收割后,均应追肥一次,以促进新枝叶萌发。最后一次于 11 月收割后重施冬肥,每亩行间开沟施腐熟厩肥 2000 kg、饼肥或过磷酸钙 25 kg(需经混合堆沤),施后覆土并培土,以利于保温防寒。

2.排灌水　由于半枝莲喜潮湿的环境,因此在其苗期要经常保持土壤湿润,遇干旱季节更应及时灌溉。雨季及时疏沟排水,防止积水淹根苗。

(四)病虫害防治

半枝莲栽培中病害较少。

主要虫害有:

1.蚜虫　4～6 月发生,每亩用 10%吡虫啉可湿性粉剂 20 g 喷雾防治。

2.菜青虫　5～6 月发生,用 2.5%敌杀死乳油 3000 倍液或 5%抑太保乳油 1500 倍液喷杀。

五、采收与产地加工

通常在夏、秋季选晴天采收半枝莲。采收时,在花期割取地上植株,选择茎基离地面 2～3 cm 处割下,留茎基以利于萌发新枝。割取的全草用水洗去茎基部的泥沙,除去杂草和杂质,摊开在太阳下晒至七成干,扎成小把,再晒至全干,然后扎成大捆。数量大的可用打绞机压成件,用草绳绑牢,置于干燥处存放或出售。一般一年可收割 3～4 次。

半枝莲入药的外观规格要求是:统货,足干,常缠结成团,茎细,方柱形,暗紫色或棕色。叶片皱缩,暗绿色或灰绿色。气微,味微苦。无杂质、泥沙、枯死草和霉坏。

第四节　半边莲的栽培技术

一、概述

半边莲为桔梗科植物半边莲 *Lobelia chinensis* Lour. 的干燥全草。半边莲味甘、性平,归心经、肺经、小肠经,具有清热解毒、利水消肿等功效,多用于毒蛇咬伤,能利水、消肿,主治黄疸、水肿、痢疾、疔疮、肿毒、湿疹、癣疾、跌打扭伤、肿痛及晚期血吸虫病腹水等症。半边莲分布于长江流域,各地均有栽培;主产于江西和江苏,其中江苏睢宁产量较大。

二、形态特征

半边莲为多年生草本植物,因花瓣均偏向一侧而得名。茎细弱,匍匐于地上。节上生不定根,开花时花枝直立生长,高 6～15 cm,无毛。叶互生,无柄或近无柄,椭圆状披针形至条形,长 8～25 cm,宽 2～6 cm,先端急尖,基部圆形至阔楔形,全缘或顶部有明显的锯齿,无毛。花通常 1 朵,生于分枝的上部叶腋内。花梗细,长 1.2～2.5 cm,基部有长约 1 mm 的小苞片 2 枚、1 枚或者没有,小苞片无毛。花萼筒倒长锥状,基部渐细而与花梗无明显区分,长 3～5 mm,无毛,裂片披针形,约与萼筒等长,全缘或下部有 1 对小齿。花冠粉红色或白色,长 10～15 mm,背面裂至基部,喉部以下生白色柔毛,裂片全部平展于下方,呈一个平面,两侧裂片披针形,较长,中间 3 枚裂片椭圆状披针形,较短。雄蕊长约 8 mm,花丝中部以上连合,花丝筒无毛,未连合部分的花丝侧面生柔毛,花药管长约 2 mm,背部无毛或疏生柔毛。蒴果倒锥状,长约 6 mm。种子椭圆状,稍扁压,近肉色。花期 5～8 月,果期 8～10 月。

三、生长习性

半边莲喜温暖潮湿的环境,稍耐轻湿干旱,耐寒,通常生于水田边、沟旁、路边等湿处。可在田间自然越冬,野生于田埂、草地、沟边、溪边等潮湿处。人工种植以沟边河滩较为潮湿处为佳,土壤以黏壤土为好。

四、栽培技术

(一)选地整地

由于半边莲有喜温暖湿润气候的特点,为水田环境中常见的杂草,因此宜选择肥沃的黏壤土栽培,水田埂边、地头空闲的潮湿土地最为理想。

(二)繁殖方法

1.分株繁殖　每年4~5月新苗长出后,选取健壮无病的老株挖掘株丛,将挖取的老株丛分成小株,根据株丛大小,每株丛可分4~6株不等。然后开沟,按行距15~25 cm、株距6~10 cm栽种,也可按照行株距15 cm×8 cm开穴栽种,做到因地制宜,获得最大效益。

2.扦插繁殖　高温高湿季节为扦插适宜期,将植株茎枝剪下,扦插于土中,温度在24~30 ℃,土壤保持潮湿,大约10天便可成活,来年春季移栽于大田,苗床需要经常保持湿润。大田管理要勤中耕除草,防旱防涝,发现虫害及时治理。

(三)田间管理

在半边莲幼苗期注意松土除草。栽种后施一次稀人粪尿;夏季收获后追施一次人畜粪或硫酸铵、尿素等肥料。冬季施腐熟肥或堆肥。雨量较少、天气干旱时,应及时灌水保湿。

(四)病虫害防治

病原体有立枯丝核菌、镰刀菌、葡萄孢菌、腐霉菌等。立枯病是以土壤传播为主的病害,病菌在土壤中存活,因此床土消毒是防治立枯病的关键,而发病前的预防比发病后的防治更经济有效。

虫害有蚜虫、潜叶蝇、白粉虱、蛾蝶类害虫、蛞蝓等。蚜虫在4~6月发生虫害,每亩用10%吡虫啉可湿性粉剂20 g喷雾防治。

五、采收与产地加工

半边莲栽种后可连续收获多年。夏、秋季生长茂盛时,选择晴天连带根部拔起,洗净后晒干。如鲜用,则随采随用。

第五节　绞股蓝的栽培技术

一、概述

绞股蓝为葫芦科植物绞股蓝 *Gynostemma pentaphyllum*（Thunb.）Makino 的

干燥全草。绞股蓝味苦、微甘,性凉,归肺、脾、肾经,具有益气健脾、化痰止咳、清热解毒等功效。绞股蓝主要分布于陕西、甘肃和长江以南地区。现各地多有栽培。

二、形态特证

绞股蓝为多年生草质藤本植物,株长可达 5 m。根状茎细长横走,有冬眠芽和潜伏芽。茎柔弱蔓状,节部疏生细毛,茎卷须多分 2 叉。叶互生,叶片为鸟趾状复叶,小叶 3～7 枚;小叶卵圆形,先端渐尖,基部半圆形或楔形,边缘有锯齿,被白色刚毛。圆锥花序腋生,花单性,雌雄异株;花小,黄绿色;花萼短小,5 裂;花冠 5 裂,裂片披针形;雄花雄蕊 5 枚,花丝下部合生;雌花子房下位球形,2～3 室,花柱 3 枚,柱头 2 裂。浆果球形,成熟时紫黑色,光滑。种子 1～3 枚,阔卵形,深褐色,表面有乳状突起。花期 6～8 月,果期 8～10 月。

三、生长习性

绞股蓝喜阴湿环境,怕烈日直射,耐旱性差。野生绞股蓝多分布在海拔 300～3200 m 的山地林下、阴坡山谷和沟边石头罅隙中,喜微酸或中性的腐殖质土壤。在 10～34 ℃的温度范围内均能正常生长,但以 16～28 ℃为最适宜生长温度。空气相对湿度以 80% 为最佳。一般 3～4 月萌发出土,5～9 月为旺盛生长期,8 月下旬枯萎,全年生育期为 180～220 天。种子有一定的休眠特性,流水处理可以在一定程度上解除休眠特性。发芽适温为 15～30 ℃的变温。种子寿命为 1 年。绞股蓝的无性繁殖能力强,地下根状茎和地上茎的蔓节都可以萌发不定根和芽,长成新的植株。绞股蓝根系浅,主根与须根无明显区别,生长范围狭窄,根系吸收水肥能力差。地上茎平铺地面,在茎节处长出不定根,入土形成浅根系,扩大了吸收水肥的能力。

四、栽培技术

(一)选地整地

根据其野生习性,绞股蓝适合在荒置的山地林下或阴坡山谷种植。阴沟边、岩壁下、背阴篱笆下及林缘阴湿地均适合栽培,也可安排在果园下套种。一般土壤均能满足种植要求,但以肥沃疏松的沙壤土为好。每 1000 平方米施农家肥 3000 kg 作基肥,翻耕耙细,做成 1.3 m 宽的畦,也可利用自然山坡地开畦种植。欲高产,就需要做畦,畦上施林下腐殖质土或腐熟的有机肥料,将土肥混匀,耙细。畦面平整,畦宽 1 m,长度随具体情况而定。

(二)繁殖方法

生产上常用根状茎分段繁殖和茎蔓扦插繁殖,也可用种子繁殖。考虑到生产成本与周期,实际栽培多采用无性繁殖的方法。

1.根状茎分段繁殖　一般在清明至立秋前后进行,将根状茎挖出,剪成 5 cm 左右长的小段,每小段有 1～2 节,再按行株距 50 cm×30 cm 开穴,每穴放入一小段,用细土覆盖,厚约 3 cm,压实。栽后及时浇水,保持湿润。

2.茎蔓扦插繁殖　每年 5～7 月,待植株生长旺盛时,将地上茎蔓剪下,再剪成若干小段,每段应有 3～4 节,去掉下面 2 节的叶子。按 10 cm×10 cm 的行株距斜插入苗床,入土 1～2 节,浇水保湿,适当遮阳,约 7 天后即可生根。待新芽长至 10～15 cm 时,便可按行株距 30 cm×15 cm 移栽到大田。

3.种子繁殖　可采用直播或育苗移栽。清明前后,待地表温度稳定在 12 ℃ 以上时即可播种。按行距 30 cm 开浅沟或穴距 30 cm 开穴,播种前用温水浸种 1～2 h。播种后覆土 1 cm,浇水,至出苗前经常保持土壤湿润。播后 20～30 天出苗,每 1000 平方米用种量为 2～2.5 kg。当苗具 2～3 片真叶时,按株距 6～10 cm 间苗,苗高 15 cm 左右时按株距 15～20 cm 定苗。育苗播种时间同直播、撒播或条播,播种后可在畦上盖草并浇水保湿,出苗后揭去盖草。幼苗具 3～4 片真叶时,选阴天移栽于大田。

(三)田间管理

1.压土除草　绞股蓝根系不发达,但在茎蔓节间容易形成不定根,所以可采用压土的方法扩大根系,提高植株的吸收效率。当藤蔓长约 30 cm 时,将其平铺在地上,每隔 2～3 节压一把土,促进茎节生根。压土应在藤蔓封畦前进行,一般可压 3 次。在幼苗未封行前,应注重中耕除草,并注意不宜离苗头太近,以免损伤地下嫩茎。

2.追肥　在施足基肥的基础上,定植 1 周后即应施一次薄粪,追肥以氮肥为主,并配施少量尿素及磷、钾肥,每次收割或打顶后均要追一次肥。最后一次收割后施入冬肥,冬肥以厩肥为主。封冻前覆盖地膜并盖上麦草、秸秆等覆盖物,保护地下部分过冬。

3.打顶　当主茎长到 30～40 cm 时,趁晴天进行打顶,以促进分枝。一年中可打顶 2 次,一般摘去顶尖 3～4 cm。

4.搭架遮阳　苗期忌强光直射,可在播种时间种玉米或用竹竿搭 1～1.5 m 高的架,上覆玉米、芦苇等遮阳物。由于绞股蓝自身攀缘能力差,因此在田间需人工辅助上架。一般在茎蔓长到 50 cm 左右时,将其绕于架杆上,必要时缚以细绳。搭架是绞股蓝生产上一项重要的措施。

5.排水与灌水　绞股蓝根系浅,喜湿润,故要经常淋水,每次淋水量不宜过多,以土层 10 cm 深处潮湿为标准。此外,雨季要注意排水,以免受涝。

6.留种　绞股蓝是雌雄异株植物,如果需要留种,则应在栽培中注意雌雄株的比例搭配。扦插栽培可预先掌握雌雄株的比例,最适宜雌雄比为10∶(3~5)。

(四)病虫害防治

1.白粉病　绞股蓝白粉病的病原体为子囊菌亚门、核菌纲、白粉菌目、白粉菌科、单囊壳属真菌。白粉病自苗期至收获期都有发生,多发于生长后期,主要为害叶片。发病叶片表现为病斑处枯黄色,叶面有白色粉状霉斑。

防治方法:清洁田园,及时找到发病中心,除去发病植株;用 50％托布津可湿性粉剂 500~800 倍液喷雾。

2.白绢病　绞股蓝白绢病的病原体为半知菌亚门、丝孢纲、无孢目、小核菌属真菌。白绢病在植物贴地的茎蔓处首先发生,然后蔓延扩大至叶片。病株根与茎呈暗褐色,有白色绢丝样菌丝体,病叶呈暗褐色水渍状,出现水烫过一样的软腐。若不加处理,最后植物整株枯烂死亡。

防治方法:加强田间水分管理,及时开沟排水,降低土壤湿度,增加透风,及时拔除病株,病穴用石灰消毒;发病初期或发病前喷 75％百菌清可湿性粉剂 500 倍液或 50％克菌丹可湿性粉剂 500 倍液,喷洒在茎及周围土壤上,7~10 天喷一次,连续喷 2~3 次。

3.三星黄萤叶甲　4 月下旬开始发病,以幼虫和成虫为害叶片。

防治方法:清洁田园;苗期用 50％辛硫磷乳油 1500 倍液或 90％晶体敌百虫1000 倍液进行地面喷雾。

4.灰巴蜗牛和蛞蝓　主要为害叶片、芽和嫩茎,可撒施石灰水或石灰粉防治。此外,虫害尚有小地老虎、蛴螬等,可以用速灭杀丁喷杀。

五、采收与产地加工

(一)采收

绞股蓝一年可收割 2 次。第一次在 6 月上旬,第二次在 9 月;北方宜推迟,第一次在 8 月,第二次在 11 月中下旬下霜前。过早或过迟采收时,有效成分绞股蓝皂苷含量不高。当茎蔓长至 2~3 m 时,选择晴天收割,收割时应注意留原植物地上茎 10~15 cm,以利于重新萌发。第一次采收要从离地面 20 cm 高处割下,保留4~7 节,以利于萌发新梢。第二次齐地面整株割下。

(二)产地加工

采收后捆成小把,架空挂在竹竿上,置通风干燥处晾干,不可曝晒。晾至半干时,用刀切成 10 cm 左右的小段,继续摊晾至充分干燥。晾干后装入麻袋或塑料袋内,放在通风干燥处贮藏,保持干品色泽,防止霉烂。

第六节　紫苏的栽培技术

一、概述

紫苏叶为唇形科植物紫苏 *Perilla frutescens* (L.) Britt. var. *arguta* (Benth.) Hand.-Mazz. 的干燥叶(或带嫩枝),果实入药,称为紫苏子,茎入药称为紫苏梗。紫苏味辛、性温,归肺、脾经,具有发汗解表、理气宽中、解鱼蟹毒等功效,用于风寒感冒、头痛、咳嗽、胸腹胀满等。《中国药典》记载,本品含挥发油不得少于0.40%(mL/g)。全国大部分地区均有栽培。

二、形态特征

紫苏高60～180 cm,有特异的芳香气息。茎方,叶紫色或绿色,通常长有长柔毛,以茎节部较密。单叶对生;叶片宽卵形或圆卵形,长7～21 cm,宽4.5～16 cm,基部圆形或广楔形,先端渐尖或尾状尖,边缘具粗锯齿,两面紫色,或面青背紫,或两面绿色,上面被疏柔毛,下面脉上被贴生柔毛;叶柄长短不一,长2.5～12 cm,密被长柔毛。轮伞花序有2朵花,组成假总状花序;每朵花有1枚苞片,苞片卵圆形,先端渐尖;花萼钟状,2唇形,具5裂,下部被长柔毛,果期萼膨大和加长,内面喉部具疏柔毛;花冠紫红色或粉红色至白色,2唇形,上唇微凹,雄蕊2强;子房4裂,柱头2裂。小坚果近球形,棕褐色或灰白色,表面有网纹,碾碎后油性大。花期8～11月,果期8～12月。

三、生长习性

紫苏在我国种植应用有近2000年的历史,全国大部分地区均有种植,长江以南各地有野生。紫苏喜温暖湿润的气候。紫苏的适应性很强,在房前屋后、沟沿地边都能栽培;对土壤要求不严,在排水良好、肥沃的沙质壤土、壤土、黏壤土上栽培,均能良好生长。前茬作物以蔬菜为好。果树幼林下均能栽种。

种子在地温5 ℃以上时即可萌发,适宜的发芽温度为18～23 ℃,苗期可耐1～2 ℃的低温。植株在较低的温度下生长缓慢,夏季是紫苏的生长旺盛期。在温度为22～28 ℃时开花,适宜的空气相对湿度为75%～80%。紫苏耐湿、耐涝性较强,不耐干旱,尤其是在植株旺盛生长阶段,如遇上空气过于干燥,则茎叶粗硬、纤维多、品质差。紫苏对土壤的适应性较广,在较阴的地方也能生长。

四、栽培技术

(一)选地整地

紫苏对气候、土壤的适应性都很强,大面积种植时,选择阳光充足、排水良好、疏松肥沃的沙质壤土或壤土。紫苏在重黏土中生长较差。整地时把土壤耕翻15 cm深,耙平、整细、做畦,畦和沟宽2 m,沟深15～20 cm。

(二)繁殖方法

直播和育苗移栽是紫苏常用的生产繁殖方法。

1.直播　春播时南北方播种时间相差约1个月,南方在3月,北方在4月中下旬。一般采用条播的方式,按行距60 cm开沟深2～3 cm,把种子均匀撒入沟内,播后覆薄土。也可采用穴播的方式,按行距45 cm、株距25～30 cm穴播,覆浅土。播后立刻浇水,保持湿润,每公顷播种量为15～18.75 kg。直播省工,生长快,采收早,产量高。

2.育苗移栽　在种子不足、水利条件不好及干旱的地区采用此法。苗床应选择在光照充足、暖和的地方,施农家肥料,加适量的过磷酸钙或草木灰。4月上旬在畦内浇透水,待水渗下后播种,覆浅土2～3 cm,保持床面湿润,1周左右即出苗。苗齐后间去过密的苗子,经常浇水除草。当苗高3～4 cm、长出4对叶子时,在麦收后选阴天或傍晚栽在麦地里,栽植头一天对育苗地浇透水。移栽时,根完全的苗易成活,随拔随栽。按株距30 cm开深15 cm的沟,把苗排好,覆土,浇水或稀薄人畜粪尿,1～2天后松土保墒。每公顷栽苗15万株左右,天气干旱时2～3天浇一次水,以后减少浇水,进行蹲苗,使根部生长。

(三)田间管理

1.松土除苗　植株生长封垄前要勤除草,直播地区要注意间苗和除草。当条播地苗高15 cm时,按株距30 cm定苗,多余的苗用来移栽。直播地的植株生长快,若植株密度高,易造成植株徒长,不分枝或分枝很少。虽然植株高度能达到标准,但植株下边的叶片较少,通光和空气不好时会脱落,影响叶片和紫苏油的产量。同时,茎多叶少也影响全草的药用规格,所以间苗不宜早。从定植至封垄期间,要对育苗田松土除草2次。

2.追肥　紫苏的生长时间比较短,定植后2个半月即可收获全草,因以全草入药,故以追施氮肥为主。在封垄前集中施肥。

对于直播和育苗地,当苗高30 cm时追肥,在行间开沟,每公顷施人粪尿15000～22500 kg或硫酸铵112.5 kg,过磷酸钙150 kg,松土、培土,把肥料埋好。在封垄前再施一次肥,方法同上,此次施肥时注意不要碰到叶片。

3.灌溉与排水　播种或移栽后,若数天不下雨,要及时浇水。雨季注意排水,疏通作业道,防止积水烂根和脱叶。

(四)病虫害防治

1.斑枯病　从6月到收获时都有可能发病,主要为害叶片。发病初期在叶面出现大小不同、形状不一的褐色或黑褐色小斑点,往后发展成近圆形或多角形的大病斑,直径为0.2~2.5 cm。病斑在紫色叶面上外观不明显,在绿色叶面上较明显。病斑干枯后常形成孔洞,严重时病斑汇合,叶片脱落。在高温高湿、阳光不足以及种植过密、通风透光差的条件下,比较容易发病。

防治方法:①从无病植株上采种。②注意田间排水,及时清理沟道。③避免种植过密。④药剂防治:从发病初期开始,用80%可湿性代森锌800倍液或1:1:200倍波尔多液喷雾,每隔7天喷一次,连续喷2~3次。在收获前半个月应停止喷药,以保证药材不带农药。

2.红蜘蛛　主要为害紫苏叶子,6~8月天气干旱、高温低湿时发生最盛。红蜘蛛成虫细小,一般为橘红色,有时为黄色。红蜘蛛聚集在叶背面刺吸汁液,被害处最初出现黄白色小斑,后来在叶面可见较大的黄褐色焦斑,扩展后全叶黄化失绿,常见叶子脱落。

防治方法:①收获时收集田间落叶,集中烧掉;早春清除田埂、沟边和路旁杂草。②发生期及早用40%乐果乳剂2000倍液喷杀。在收获前半个月停止喷药,以保证药材上不留残毒。

3.银纹夜蛾　7~9月幼虫为害紫苏,叶子被咬成孔洞或缺刻,老熟幼虫在植株上作薄丝茧化蛹。

防治方法:用90%晶体敌百虫1000倍液喷雾。

五、采收与产地加工

紫苏要在晴天收割,此时收割香气足,方便干燥。药用紫苏叶采收应集中在7月下旬至8月上旬,在紫苏开花前进行。紫苏梗采收一般在9月上旬开花前、花序刚长出时进行,用镰刀从根部割下,把植株倒挂在通风背阴的地方晾干,晾干后把叶子打下供药用。紫苏子在9月下旬至10月中旬果实成熟时采收。割下果穗或全株,扎成小把,晒数天后,脱下种子晒干,每公顷一般能产1125~1500 kg。如果需要留种,应在采种的同时注意选留良种。选择生长健壮、产量高的植株,等到种子充分成熟后再收割,晒干脱粒,作为种用。

第七节　荆芥的栽培技术

一、概述

荆芥为唇形科植物荆芥 *Schizonepeta tenuifolia* Briq. 的干燥茎叶和花穗，又名"香荆芥"，土名"姜芥"。荆芥味辛、微苦，性温，入肺、肝二经，能解表散风、透疹、消疮、止血，用于感冒、麻疹透发不畅、便血、崩漏、鼻衄等症。其花序称荆芥穗，具有发表、散风、透疹等功效；炒炭有止血作用。《中国药典》记载，本品含挥发油不得少于 0.60%（mL/g）。荆芥主产于安徽、江苏、浙江、江西、湖北和河北，全国大部分地区均有栽培。

二、形态特征

荆芥为多年生草本植物。茎基木质化，多分枝，全株高 40～150 cm，方茎，具浅槽，被白色短柔毛。叶片草质，卵状至三角状心脏形，长 2.5～7 cm，宽 2.1～4.7 cm，先端钝至锐尖，基部心形至截形，叶缘粗圆齿状或牙齿状，叶面黄绿色，被极短硬毛，叶背略发白，被短柔毛，叶脉上毛较密。具侧脉 3～4 对，斜上升，上面微凹陷，下面隆起；叶柄长 0.7～3 cm，细弱。聚伞花序呈二歧状分枝，下部的腋生，上部的组成连续或间断的、较疏松或极密集的顶生分枝圆锥花序；苞叶叶状，苞片、小苞片钻形，细小。花萼在开花时呈管状，长约 6 mm，直径约 1.2 mm，外被白色短柔毛，内面仅萼齿被疏硬毛，齿锥形，长 1.5～2 mm，后齿较长，花后花萼增大成瓮状。花冠白色，外被白色柔毛，内面在喉部被短柔毛，冠筒极细，直径约 0.3 mm，自萼筒内骤然扩展成宽喉，冠檐二唇形，上唇短，长约 2 mm，宽约 3 mm，先端具浅凹，下唇 3 裂，中裂片近圆形，长约 3 mm，宽约 4 mm，基部心形，雄蕊内藏，花丝扁平，无毛。花柱线形，先端 2 等裂。花盘杯状，裂片明显。子房无毛。小坚果卵形，近三棱状，灰褐色，长约 1.7 mm，直径约 1 mm。花期 7～9 月，果期 9～10 月。

三、生长习性

荆芥对气候、土壤等环境条件要求不高，我国南北各地均可种植。野生荆芥分布于海拔 800 m 以下的开阔地及荒废地，路边、沟塘边、草丛中与山地阴坡也常见生长。荆芥喜温暖、湿润气候。种子发芽适温为 15～20 ℃，寿命为 1 年。幼苗能耐 0 ℃左右的低温，−2 ℃以下则会出现冻害。忌干旱、积水和连作。

四、栽培技术

(一)选地整地

选择阳光充足、排灌条件好、较肥沃湿润的土地种植。地势以阳光充足的平坦地为好。土地宜早耕、深耕，前茬作物收获后，每亩施农家肥 3000 kg、磷肥 15 kg、尿素 10 kg，同时施用巴丹 2 kg，以减少地下害虫。深耕 25 cm，整平，第二年结冻后再耕一次，耙平做畦。畦宽 120 cm，长短根据地形和种子而定。荆芥种子很小，所以田地一定要耕细整平，方便出苗。整地必须细致，同时施足基肥，每1000 平方米施农家肥 3000 kg 左右。然后耕翻 25 cm 左右深，粉碎土块，反复细耙，整平，做成宽 1.3 m、高约 10 cm 的畦。

(二)繁殖方法

荆芥多用种子繁殖，可采用直播或育苗移栽。一般夏季直播，而春播采用育苗移栽。

1.直播　5～6 月在麦收后立即整地做畦，按行距 25 cm 开 0.6 cm 深的浅沟。荆芥以条播为好，宜通风透光，不易得病害。将种子均匀撒于沟内，覆土挡平，稍加镇压。每 1000 m² 用种量为 0.8 kg。也可进行春播或秋播，但秋播占地时间较长，一般很少采用。第一次播种在 3 月，长到 120～150 cm 时收获，产量高，质量好。第二次播种在 6 月，等油菜、小麦收获后即可播种，秋季能长到 120 cm 左右高，其产量和质量比春播的差。比较干旱的地区采取早播或播前深灌再播。按行距 20 cm 开 0.5 cm 深的浅沟，将种子均匀撒入沟内或畦面，覆一层薄细土，1 周左右即发芽，每公顷播种量为 7.5～15 kg。撒播要求播浅、播匀，播后用扫帚轻轻地拍一下地面，使种子和土能沾到一起，每公顷播种量为 15～22.5 kg。

2.育苗移栽　春播宜早不宜迟。采用撒播的方式，覆细土，以盖没种子为度，稍加镇压，并用稻草盖畦保湿。出苗后揭去覆盖物，苗期加强管理。当苗高 6～7 cm 时，按株距 5 cm 间苗，5～6 月苗高 15 cm 左右时移栽至大田，行株距为 20 cm ×15 cm。

(三)田间管理

1.间苗与补苗　出苗后应及时间苗，直播者苗高 10～15 cm 时，按株距 15 cm 定苗，移栽的要培土固苗，如有缺株，应及时补苗。

2.中耕除草　结合间苗进行中耕除草，中耕要浅，以免压倒幼苗。撒播的只需除草。移栽后，视土壤板结和杂草情况，可中耕除草 1～2 次。

3.追肥　荆芥需氮肥较多，但为了秆壮穗多，应适当追施磷、钾肥。一般苗高 10 cm 时，每 1000 平方米追施人粪尿 2000 kg，苗高 20 cm 时施第二次肥，第三次施肥在苗高 30 cm 以上时,每 1000 平方米撒施腐熟饼肥 80 kg,可配施少量磷、钾肥。

4. 排水与灌水　幼苗期应经常浇水,以利于生长;成株后抗旱能力增强,忌水涝,如雨水过多,应及时排除积水。

(四)病虫害防治

1. 根腐病　高温积水时易发。7～8 月高温多雨季节真菌易繁殖,感染后地上部迅速萎蔫,根及根状茎变黑并逐渐腐烂。

防治方法:注意排水,播前每公顷用 70％敌克松 15 kg 处理土壤。发病初期用五氯硝基苯 200 倍液浇灌根际。

2. 茎枯病　主要为害茎、叶和花穗。

防治方法:清洁田园;与禾本科作物轮作;每 1000 平方米施用 300 kg 堆制的菌肥,耙入 3～4 cm 的土层。

虫害有地老虎、银纹夜蛾等。

五、采收与产地加工

荆芥刚开花时质量最好。采收时间一般为果穗 2/3 成熟、种子 1/3 饱满时,此时香气浓。在生产上要比正常采收时间提前 5～7 天,此时花盛开或开过花,穗绿色,部分种子变褐色,顶端的花尚未落尽。选择晴天早晨露水刚过时,用镰刀从基部割下全株,边割边运,不能在烈日下晒,应在阴凉处阴干,干后捆成把,即为全荆芥。割下的穗为荆芥穗,余下的秆为荆芥梗,作种用的荆芥种子收后,秆也可作药用,但质量差一些。全荆芥以色绿茎粗、穗长而密者为佳。荆芥穗以穗长、无茎秆、香气浓郁、无杂质者为佳。

春播的荆芥于当年 8～9 月采收;夏播的在当年 10 月采收;秋播的翌年 5～6 月才能收获。

第十章 花、果实、种子类药用植物

第一节 菊花的栽培技术

一、概述

菊花为菊科植物菊 *Dendranthema morifolium*（Ramat.）Tzvel. 的干燥头状花序。菊花按产地和加工方法不同，分为亳菊、滁菊、贡菊、杭菊和怀菊。菊花药用历史悠久，味甘、苦，性微寒，归肺、肝经，具有散风清热、平肝明目等功效，用于风热感冒、头痛眩晕、目赤肿痛、眼目昏花等症。《中国药典》记载，按干燥品计算，本品含绿原酸（$C_{16}H_{18}O_9$）不得少于 0.20%，含木樨草苷（$C_{21}H_{20}O_{11}$）不得少于 0.080%，含 3,5-O-二咖啡酰基奎宁酸（$C_{25}H_{24}O_{12}$）不得少于 0.70%。菊花主要产于安徽亳州、滁州、歙县，浙江桐乡和河南温县等地。

二、形态特征

菊花为多年生草本植物，株高 50～140 cm，全体密被白色绒毛。茎基部稍木质化，略带紫红色，幼枝略具棱。叶互生，卵形或卵状披针形，长 3.5～5 cm，宽 3～4 cm，先端钝，基部近心形或阔楔形，边缘通常羽状深裂，裂片具粗锯齿或重锯齿，两面密被白绒毛；叶柄有浅槽。头状花序顶生或腋生，直径 2.5～5 cm；总苞半球形，苞片 3～4 层，绿色，被毛，边缘膜质透明，淡棕色，外层苞片较小，卵形或卵状披针形，第二层苞片阔卵形，内层苞片长椭圆形；花托小，凸出，半球形。舌状花雌性，位于边缘，舌片线状长圆形，长可至 3 cm，先端钝圆，白色、黄色、淡红色或淡紫色，无雄蕊，雌蕊 1 枚，花柱短，柱头 2 裂；管状花两性，位于中央，黄色，每花外具 1 卵状膜质鳞片，花冠管长约 4 mm，先端 5 裂，裂片三角状卵形，雄蕊 5 枚，聚药，花丝极短，分离，雌蕊 1 枚，子房下位，矩圆形，花柱线形，柱头 2 裂。瘦果矩圆形，具 4 棱，顶端平截，光滑无毛。花期 9～11 月，果期 10～11 月。

亳菊呈倒圆锥形或圆筒形，有时稍压扁呈扇形，直径 1.5～3 cm，离散。总苞碟状；总苞片 3～4 层，卵形或椭圆形，草质，黄绿色或褐绿色，外面被柔毛，边缘膜质。花托半球形，无托片或托毛。舌状花数层，雌性，位于外围，类白色，劲直，上举，纵向折缩，散生金黄色腺点；管状花多数，两性，位于中央，为舌状花所隐藏，黄色，顶端 5 齿裂。瘦果不发育，无冠毛。体轻，质柔润，干时松脆。气清香，味甘、微苦。

滁菊呈不规则球形或扁球形,直径 1.5～2.5 cm。舌状花尖白色,不规则扭曲,内卷,边缘皱缩,有时可见淡褐色腺点,舌状花层数在 9 层左右;管状花区域黄色,直径较大。

贡菊呈扁球形或不规则球形,直径 1.5～2.5 cm。舌状花白色或类白色,斜升,上部反折,边缘稍内卷而皱缩,通常无腺点;管状花退化,舌化,外露。

杭白菊呈碟形或扁球形,直径 2.5～4 cm,常数个相连成片。舌状花白色,平展或微折叠,彼此粘连,通常无腺点;管状花多数,外露。

三、生长习性

菊花喜温暖湿润、阳光充足的环境,忌遮阴。耐寒,稍耐旱,怕水涝,喜肥。最适生长温度为 20 ℃左右,在 0～10 ℃能生长,花期能耐－4 ℃,根可耐－17～－16 ℃的低温。对土壤要求不严,以地热高燥、背风向阳、疏松肥沃、含丰富的腐殖质、排水良好、pH 6～8 的沙质壤土或壤土为宜。忌连作,可与早玉米、桑、蚕豆、烟草、油菜、大蒜、小麦等间套作。黏重土、低洼积水地不宜栽种。

四、栽培技术

(一)选地整地

选择肥沃、地势高燥、排水良好的沙质壤土或黏壤土,以及土层深厚、向阳背风的田地栽培。整地在 3 月下旬至 4 月上旬,栽种前翻耕土壤,深25 cm左右,整平耙细,做成宽 1.3 m 的高畦。结合开沟整地,每公顷施猪圈肥或堆肥 30000～75000 kg 作基肥。

(二)繁殖方法

菊花的繁殖方法很多,一般可分为分根繁殖、扦插、播种和压条等数种方法。药用菊花的繁殖以分根繁殖和扦插为主。

1. 分根繁殖　在 4～5 月间栽培。如栽得过早,则根嫩易断,气温低,生长慢,产量低。选择阴天把母株挖起,将菊苗分开,选择粗壮、须根多的种苗,留下23 cm长的枝,斩掉菊苗头。栽时用犁开沟,沟深 13～16 cm,或用锄挖 6～10 cm 深的穴,行距为 60～83 cm,株距为 30～50 cm。栽时要注意将根周围的土压紧,并及时浇水,如遇天旱,需连浇两次水。也可在 5～6 月将植株上发的芽连根分开,栽在苗床上,行距 20 cm,株距 10 cm,每穴栽苗 4～5 株,等麦收后定植。

2. 扦插法　收菊花时,把菊株留高一点(整株留得高,发芽才多),在第二年立春前后挖起老株,选择健壮、无病虫害、根茎白色的嫩芽,剪成 10～13 cm 一节,每百株捆成一把,捆好以后,用剪刀剪去过长的根,进行育苗。苗床应选择肥沃、排水良好的沙质壤土。在扦插前半个月,将土深翻一次,深约 23 cm。至扦插前,土地一定要疏松、细碎和清洁,然后做畦。一般畦宽约 130 cm,长度视土地情况和便于管理而定。剪好的种苗不能久放,应立即扦插,如放置过久,会降低成活率。扦插最适宜的温度为 15～18 ℃。扦插前要用锄头在整好的苗床开横沟,沟距约 16 cm,沟深约 6 cm,株距约 8 cm,苗子先端出土 3 cm 左右,然后用细土覆盖半沟,踩实,再盖土与畦平。栽好后要盖一层草,避免雨水使土地板结。育苗期应勤除草,保持足够的水分,约 20 天以后,再用清粪水催苗一次。扦插约 20 天后生根,生长健壮后即可定植于大田,或栽于麦茬地,行株距同分根繁殖法。

3.间套作　菊花可与桑、蚕豆、烟草、油菜、小麦、大蒜等套种。各种作物收获后加强菊花的管理。

(三)田间管理

1.中耕锄草　菊花缓苗后,不宜浇水,而以锄地松土为主。第一次和第二次要深松土,使表土干松,地下稍湿润,使根向下扎,并控制水肥,使地上部生长缓慢,否则生长过于茂盛,至伏天不通风透光,易发生叶枯病。第三次中锄时,在植株根部培土,保护植株不倒伏。在每次中锄时,应注意勿伤茎皮,否则在茎部内易生虫,影响产量。中锄次数应视气候而定,若能在每次大雨之后、土地板结时浅锄一次,可使土壤内空气畅通,菊花生长良好,并能有效减少病害。

2.追肥　菊花根系发达,根部入土较深,须根多,吸收水肥能力强,需肥量大,一般施肥 3 次。栽植时,每亩施入人粪尿 250～400 kg,加 4 倍体积的水。第一次打顶时,结合培土每公顷施人粪尿 7500 kg 左右或硫酸铵 150 kg。第三次施肥在花蕾将形成时,每公顷施人粪尿 11250～15000 kg 或硫酸铵 150 kg,使花瓣肥厚,提高产量及品质。

3.排水与灌溉　菊花喜温暖湿润,怕涝,春季要少浇水,防止幼苗徒长,浇水量按气候而定,保证成活就行。6 月下旬以后天旱时要经常浇水,如雨量过多,应疏通大小排水沟,切勿有积水,否则易生病害和烂根。

4.摘去顶尖　打尖是为了促使旁枝发育和多分枝条,增加单位面积上的花枝数量,提高产量。在菊花育苗期或分株时,若肥料充足,则植株生长健壮。为了促使主干粗壮,减少倒伏,在菊花生长期要打 1～3 次顶尖。第一次在 5 月,可在定植前苗高 30 cm 时打尖,每次打 12 cm,留 30 cm;第二次在 6 月底;第三次不得迟于 7 月底。

5.选留良种　选择无病、粗壮、花头大、层厚心多、花色纯洁、分枝力强及花多的植株作为种用,然后根据各种不同的繁殖方法进行处理。同一个地区的一个品种由于多年的无性繁殖,往往有退化现象,病虫害多,生长不良,产量降低,有时其中亦有变好的,故选留良种时,应特别注意选留性状良好的变种,并加以培育和繁殖。必要时,可在其他地区进行引种。

(四)病虫害防治

1.叶枯病 叶枯病又叫斑枯病,在菊花整个生长期都能发病,在雨季发病严重,植株下边叶片首先被侵染。初期叶片上出现圆形或椭圆形的暗褐色病斑,中心为灰白色,周围有一个淡色的圈,后期在病斑上生有小黑点。病斑扩大后,造成整个叶片干枯,严重时整株叶片干枯,仅剩顶部未展叶的嫩尖。

防治方法:①菊花采收完后,集中残株病叶并烧掉。②前期控制水分,保证通风透光。③雨后及时排水。④发病初期去除病叶,用1:1:100倍波尔多液或65%可湿性代森锌500倍液喷雾,每7~10天喷一次,连续喷3~4次。

2.菊花牛 菊花牛也叫蛀心虫,7~8月间菊花生长旺盛时,在菊花茎梢啃咬小孔并产卵,幼虫孵化后即在茎中蛀食。受害处可见许多小粒虫粪成一团,使伤口以上的茎梢萎蔫,因为茎干中空,枝条易断,或伤口愈合时肿大成结节。卵孵化后,幼虫钻入茎内,向下取食茎秆,故在发现菊花断尖之后,必须在茎下摘去一节,收集烧掉,以减少其危害,否则会造成整株及更多的植株枯死。

防治方法:从萎蔫断茎以下3~6 cm处摘除受害茎梢,集中烧毁。成虫发生期,于清晨露水未干前进行人工捕捉,或用50%磷胺乳油1500倍液喷杀。

3.大青叶蝉 成虫和若虫为害叶片,被害叶片呈现小黑点。

防治方法:用40%乐果乳油2000倍液或50%杀螟松乳油1000~1200倍液喷雾。

4.蚜虫 蚜虫的成虫和若虫吸食茎叶汁液,严重者造成茎叶发黄。

防治方法:①冬季清园,将枯株和落叶深埋或烧掉。②发生期喷50%杀螟松1000~2000倍液、40%乐果乳油1500~2000倍液或80%敌敌畏乳油1500倍液,每7~10天喷一次,连续喷数次。

菊花常见的病害还有根腐病、霜霉病、褐斑病等。在多雨季节,菊花易发生全株叶片枯萎,根系霉烂,并有根结线虫,严重影响菊花的生长。防治方法是移栽前用呋喃丹处理菊苗和种穴;此外,发现病株要及时拔除;雨季要及时排除田间积水。其他病虫害可按常规方法处理。

五、采收与产地加工

(一)采收

1.采收时间 采收时间在9月下旬至11月上旬。第一次采摘约占产量的50%,隔5~7天后采摘第二次,约占产量的30%,过7天再采一次,约占产量的20%。

2.采收标准 花朵大部分开放,部分花朵边线已呈紫色,花瓣平直,花序中的管状花(即花心)散开2/3,花色洁白时即要采摘。

3.采摘方法　用食指和中指夹住花柄,向怀内折断。采花时间最好在晴天露水已干时,以加快干燥进程,能节省燃料和时间,减少腐烂,保证外观形状和颜色品质。如南方地区久雨不晴,花成熟时雨天也应采收,否则水珠包在瓣内积聚,易引起变色和腐烂,造成损失。

采下的鲜花应立即干制,切忌堆放,最好做到随采随烘干,减少损失。菊花采收完后,用刀割除地上部分,随即培土,并覆盖熏土于菊花根部。

(二)产地加工

1.阴干　在花大部分盛开齐放、花瓣普遍洁白时,连茎秆割下,分2～3次收完。扎成小捆,倒挂于通风干燥处晾干3～4周,阴干后再将花朵摘下,切记不能曝晒。在河南、四川、安徽、河北等地将植株在晴天全部割下,捆成小捆,在屋檐或廊下搭架倒悬。

2.烘干　采回的鲜花应及时放于烤房竹帘上,铺开,厚约6 cm(一两层花),随即用煤或柴火烘烤。烘烤约0.5 h后及时进行翻松,翻动时应避免打散花序,影响商品品质。

3.蒸后晒干　杭菊花采用蒸菊花的办法进行加工。把菊花放在蒸笼内,厚约3 cm。一次锅内放笼2～3只,把蒸笼搁空,火力要猛而均匀,锅水不宜过多,每蒸一次加一次热水,以免水沸到笼上,影响菊花质量。蒸5 min左右,加热时间过长则不易晒干。将蒸好的菊花放在竹帘上暴晒,菊花未干时不要翻动,晚上收进室内,不要压,暴晒3天后翻动一次,晒6～7天后收起。贮藏数天后再晒1～2天,待花心完全变硬即可贮藏。

第二节　红花的栽培技术

一、概述

红花为菊科植物红花 *Carthamus tinctorius* L. 的干燥花,又叫红蓝花,具有活血通经、祛痰止痛等功效。果实入药,称为白平子,红花油有降低胆甾醇和高血脂、软化和扩张血管、防衰老和调节内分泌等功效。《中国药典》记载,按干燥品计算,本品含羟基红花黄色素 A($C_{27}H_{32}O_{16}$)不得少于1.0%。红花主产于新疆、河南、四川、浙江、安徽等地,全国各地多有栽培。

二、形态特征

红花为一年生或二年生草本植物,株高1～1.5 m,全株光滑无毛。茎直立,下部木质化,上部多分枝。单叶互生,近无柄,基部略抱茎;叶片卵状披针形或长椭圆形,边缘有不规则的浅裂,裂片先端有锐刺,叶片两面光滑,深绿色,两面的叶脉均隆起。头状花序顶生,有多数管状花,总苞叶状,边缘具锐锯齿;花冠先端5裂,裂片线形,红色或橘红色,雌蕊1枚,雄蕊5枚;子房下位,1室。瘦果白色,倒卵形,通常有4棱,稍有光泽。花期5月,果期6月。

三、生长习性

红花的适应性较强,喜温和干燥、阳光充足的环境,有一定的抗旱、抗寒能力,怕高湿、高温,对水肥及土壤条件要求不高。红花属于长日照植物,短日照有利于其营养生长,而长日照则有利于生殖生长。

红花种子容易萌发,5 ℃以上就可萌发,发芽适温为15～25 ℃,发芽率为80%左右。种子寿命为2～3年。

四、栽培技术

(一)选地整地

选择地势高燥、肥力中等及排水良好的沙质壤土进行种植。忌连作,前作以花生、大豆和小麦为宜。整地时每亩施堆肥2500 kg左右,加过磷酸钙15 kg,翻耕耙平。在水多的地区宜做高畦种植。

(二)繁殖方法

红花用种子繁殖,可秋播和春播。

1. 留种技术　红花收后10～15天,种子即可成熟。选无病、丰产、种性一致的植株留种。红花分有刺和无刺两种类型,生产上为便于管理和采收,可选用无刺红花,但在炭疽病和实蝇危害严重的地区,宜选用有刺红花。将红花全部拔出或割下,晒干打下即得种子。

2. 播种时期　一般秋播在9～10月、春播在3～4月进行,各地应根据不同的气候情况掌握合适的播种期。播种过早,幼苗生长过旺,根部容易开裂,来年抽茎早,植株高,产量低。播种过晚,出苗不齐或幼苗过小,难以越冬。

3. 种子处理　对红花种子进行温汤浸种处理可以预防红花炭疽病的发生。具体方法是:将红花种子置于10～12 ℃的水中浸泡10～12 h,捞出后置于48 ℃温水中预热2 min,再在53～54 ℃水中浸泡10 min,捞出后置于冷水中冷却,晾至表面干燥后播种。

4. 播种方法　条播或穴播均可。在整好的地块上按行距30 cm、沟深3 cm开沟,将处理后的种子均匀撒入沟内,覆土,略加镇压,每亩用种量为2.5～3 kg。穴播以33 cm×33 cm开穴,穴深3 cm,每穴播4～5粒种子,覆土镇压,每亩用种量为 1.5～2 kg。播后 7～10 天出苗。

(三)田间管理

1.间苗　按株距 15 cm 左右定苗,间去病苗、弱苗、过大或过小的苗,保留中等的壮苗。

2.防寒　秋播时于 12 月下旬将红花苗两旁的土踏实。在封冻前浇封冻水一次,保持田间湿润,使土壤和根密切接触,以利于安全越冬。

3.排水与灌水　红花喜干燥,但在出苗前、越冬期、现蕾期和花期需保持土壤湿润,特别在开花前和花期尤为重要。如遇干旱,应及时灌水。5 月中旬后,如雨量增加,气温升高,要及时挖沟排水,减少病害发生。

4.追肥　在红花生长期,施肥充足与否对花蕾产量影响很大。如前期肥料过多,会使红花徒长,易折断,而且过早封行郁闭、不通风会使病虫害增加。因此,追肥可分两次进行。第一次在定苗前后,轻施提苗肥。第二次在孕蕾期,重施一次肥,一般每亩施粪肥 1500～2000 kg、混合硫酸铵 5 kg,促使蕾多蕾大。如基肥足、苗情好,第一次追肥亦可不施。

5.培土壅根　红花抽茎后,上部分枝大多易倒,需在 5 月上旬进行培土壅根。

6.打顶　红花抽茎后掐去顶芽,可促使分枝增多,增加花蕾数。

(四)病虫害防治

1.炭疽病　炭疽病是红花的主要病害,通常为害茎、花枝和叶片。发病初期,叶部出现圆形褐色病斑,后期破裂;茎秆部的病斑为梭形,常相互连接使茎部腐烂,使其不能现蕾或花蕾下垂不能开放,严重者植株枯死。多于 5～6 月发病。

防治方法:选用抗病品种,一般有刺红花比无刺红花抗病;选择地势高、干燥、排水良好的地块,做成高畦种植,忌连作;4 月下旬开始喷 1∶1∶100 倍波尔多液、50%可湿性退菌特 1000 倍液或 65%可湿性代森锌 500 倍液,每 7～10 天喷一次,连续喷数次。

2.枯萎病　主要表现为主根变黑腐烂,茎髓部变成褐色,茎部呈麻丝状,有时可见橙红色黏性分泌物,最后地上部干枯萎蔫。5 月初开始发生,雨季发病严重。

防治方法:拔除病株并用石灰对病穴进行消毒;与禾本科作物轮作;选用无病植株留种;收获后清园,将病残株集中烧毁。

3.锈病　4～5 月始发,在高湿低温条件下易发病,主要为害叶部。

防治方法:选地势高燥的田地或高畦种植;用 0.4%种子量的 15%粉锈宁拌种;发病初期,用 15%粉锈宁 500 倍液喷施;增施磷、钾肥。

4.黑斑病与轮纹病　5 月至收获期均会产生危害,主要为害叶片。病部出现近圆形的褐色病斑,上生小黑点,轮纹病的病斑较黑斑病的病斑大且有同心轮纹。

防治方法:与禾本科作物轮作;发病前及初期喷 1∶1∶100 倍波尔多液或

65％可湿性代森锌 500 倍液。每 7 天喷一次,连续喷数次。

5.菌核病　主要表现为叶色变黄、枝枯,根部或茎髓部出现黑色鼠粪状菌核。多在 5～6 月发病。

防治方法:同枯萎病的防治方法。

6.红花实蝇　花蕾期成虫产卵于花蕾中,以幼虫在其中钻食而产生危害,造成烂蕾,使其不能开花或开花不完全,对产量影响很大。

防治方法:清园,处理残株;忌与白术、矢车菊等间作或套作;在花蕾现白期喷 40％乐果乳剂 1000 倍液或 90％敌百虫 800 倍液,1 周后再喷一次。

7.蚜虫　以幼虫为害嫩苗、花头和幼嫩种子。

防治方法:用 90％敌百虫 800 倍液或 40％氧化乐果乳油 1000 倍液防治。

五、采收与产地加工

(一)采收

当夏季花由黄变红时,在早晨分批采摘。若在花为浅黄色或橘黄色时采摘,花干后为黄色,不鲜艳,质地松泡;若在花为红色或深红色时采摘,花干后为暗红色,油性小,都会影响红花的产量和质量。一般在每天早晨花冠露水稍干或带露水时进行采摘,摘取花冠时要向上提拉,否则会撕裂花头,影响种子产量。

果实在花采收后 3 周左右成熟,割取花头,晾干后脱粒作种,可以入药或榨油。

(二)产地加工

采收后的红花要及时摊放在晾席上(厚 2～3 cm)晾干或烘干,烘干时温度控制在 40～50 ℃。晾干时不要在强光下曝晒,可盖一层白纸在阳光下干燥,或在阴凉通风处摊开晾干,不能用手翻动,以免发霉变黑。

(三)商品规格

红花以花长、色红黄、鲜艳、质柔软者为佳。

一等:干货。管状花皱缩弯曲,成团或散在。表面深红、鲜红色,微带淡黄色。质较软,有香气,味微苦。无枝叶、杂质、虫蛀和霉变。

二等:干货。管状花皱缩弯曲,成团或散在。表面浅红、暗红或黄色。质较软,有香气,味微苦。无枝叶、杂质、虫蛀和霉变。

第三节　金银花的栽培技术

一、概述

金银花为忍冬科植物忍冬 *Lonicera japonica* Thunb. 的干燥花蕾或带初开的花，又名"忍冬花"和"双花"。金银花性甘、味寒，具有清热解毒、疏散风热的功效。《中国药典》记载，按干燥品计算，本品含绿原酸（$C_{16}H_{18}O_9$）不得少于 1.5％；含木樨草苷（$C_{21}H_{20}O_{11}$）不得少 0.050％。茎藤入药，称忍冬藤，能清热解毒，疏风通络。金银花在全国大部分地区都有分布，主产于河南省荥阳、登封、新郑、巩义以及山东平邑等地，前者称密银花，后者称东银花。

二、形态特征

忍冬为多年生灌木，茎中空，多分枝，幼枝密生褐色短柔毛。叶对生，叶片卵圆形或长圆形。花成对腋生，芳香，花冠初开时白色，2～3 天变为金黄色。浆果球形，熟时黑色。花期 4～7 月，果期 8～10 月。

三、生长习性

金银花喜温暖湿润气候，抗逆性强，耐寒、耐涝、耐旱、耐盐碱、耐高温。花芽分化适宜温度为 15 ℃左右，生长适宜温度为 20～30 ℃。喜阳光充足的环境，光照对植株生长发育影响很大，阳光充足能使植株生长发育茂盛，从而增加花产量。种子寿命为 2～3 年。

四、栽培技术

（一）选地整地

金银花对土壤要求不严，但以土层深厚、疏松肥沃的腐殖质土壤为好。栽前每亩施农家肥 4000 kg，深耕细耙。采用种子繁殖时，可做成 1 m 宽的平畦；采用扦插繁殖时，可不做畦。

（二）繁殖方法

种子繁殖或扦插繁殖均可，生产上多采用扦插繁殖。

1.扦插繁殖　一般于夏、秋季阴雨天气进行，选择生长势旺、无病虫害的一年生或二年生枝条，截成 30～35 cm 长的插条，剪去下部叶子。在选好的地上按行距160 cm、株距 150 cm 挖穴，穴深 16 cm，每穴插 5～6 根插条，分散开并斜立于土中，地上露出 7～10 cm。随剪随插，栽后填土压实并浇水。

为节约插条和方便管理,常采用扦插育苗移栽法,育苗地要选择有水源的地方。按行距 20 cm、深 15 cm 开沟,把插条按 3 cm 左右的株距斜放在沟里,地面露出 8~10 cm,填土压实,栽后浇水,保持土壤湿润。半个月左右即可生根发芽,于当年秋季或第二年春季移栽。

2.种子繁殖　11 月采下成熟果实,放到水中搓洗,去净果肉和瘪籽,取出饱满种子并晾干。翌年 4 月将种子放在 35~40 ℃的温水中浸泡 24 h,取出拌 2~3 倍湿沙催芽,待种子有 30% 裂口时即可播种。将整好的畦放水浇透,待表土稍干时整平畦面,按行距 20 cm 开浅沟,将种子均匀撒入沟内,覆土 1 cm,稍加镇压,再盖一层草,经常保持湿润。播后约 10 余天即可出苗。秋后或第二年春季移栽,移栽方法同扦插繁殖法,每亩用种量为 1.5 kg 左右。

(三)田间管理

1.中耕除草与培土　栽培过程中,要及时进行中耕除草,先深后浅,勿伤根部。每年早春和秋后封冻前,要进行培土,防止根部外露。

2.追肥　可结合培土进行追肥。在花墩周围开一条沟,将肥料撒于沟内,上面用土盖严。肥料以农家肥为主,配施少量化肥,施肥量可根据花墩大小而定。一般多年生的大花墩,每墩可施农家肥 5~6 kg,复合肥 50~100 g。此外,采花后有条件的可追肥一次。

3.整枝修剪　在定植后的前两年进行整枝修剪,以原苗栽的主干为基础,选留 2~4 条发育健壮的主干,摘除顶梢,剪除其他枝条,抹尽边芽,反复多次,以促进主干增粗定型,使整株的株型成伞状。定型后,每年冬、夏两季进行修剪。冬季修剪在 12 月至第二年 2 月下旬进行;夏季修剪在每次采花后进行,第一次在 6 月上旬剪春梢,第二次在 7 月下旬采二茬花后剪夏梢,第三次在 9 月上旬采三茬花后剪秋梢。冬剪主要掌握"旺枝轻剪,引枝重剪,枯枝全剪,枝枝都剪"的原则,一般壮枝保留 8~10 对芽;弱枝保留 3~5 对芽;而对细、弱、病、枯和缠绕枝、高叉枝要全部剪除。夏剪宜轻,一般在前茬花采收后对长势旺的枝条剪去顶梢,以利于新枝萌发;对生长细弱、叶片发黄、影响通风透光的小枝条应从根部疏除。夏剪得当对二、三茬花有明显的增产作用。

4.越冬保护　在寒冷地区或冬季特别严寒的年份种植金银花,要保护老枝条越冬。老枝条若被冻死,次年重发新枝,开花少,产量低。一般可在封冻前将老枝平卧于地上,上盖稻草 6~7 cm,草上再盖土,以利于安全越冬,第二年春季萌发前再去掉覆盖物。

(四)病虫害防治

1.褐斑病　主要为害叶部,发病后叶片上病斑呈圆形或多角形,黄褐色,潮湿时背面生有灰色霜霉状物。多在 6~9 月间发生,尤以高温多湿时发病严重。

防治方法:清除病枝落叶,集中烧毁或深埋;增施磷、钾肥,提高植株抗病能力;发病初期用 1:1:200 倍波尔多液或 65%代森锌可湿性粉剂 500 倍液喷施。

2.咖啡虎天牛　5 年生以上的植株受害严重。以幼虫蛀食枝干,一年发生一代,初孵化的幼虫先在木质部表面蛀食,当幼虫长到 3 mm 以上时,向木质部纵向蛀食,形成曲折虫道。多在 5~6 月始发。

防治方法:用糖醋液(糖、醋、水、敌百虫的配比为 1:5:4:0.01)诱杀成虫;7~8 月释放其天敌天牛肿腿蜂进行生物防治。

3.银花尺蠖　6~9 月发生,以幼虫咬食叶片。

防治方法:冬季清洁田园;发现幼虫后即用 95%晶体敌百虫 800~1000 倍液喷施。

4.蚜虫　以成虫、幼虫刺吸叶片汁液,使叶片卷缩发黄;花蕾被害后造成畸形,影响金银花的产量和质量。

防治方法:可用 40%氧化乐果乳剂 1000 倍或 50%抗蚜威 1000~1500 倍液喷洒,每隔 7~10 天喷一次,连续喷 2~3 次。最后一次须在采花前 10~15 天喷洒,以免农药残留影响花的质量。

五、采收与产地加工

(一)采收

一般在 5 月中下旬采摘第一茬花,以后每隔 1 个月左右采收第二、三、四茬花。当花蕾上部膨大,但未开放,呈青白色时采收最为适宜。采收过早,花蕾呈青绿色,嫩小,产量低;采收过晚,花已开放,会降低质量。

(二)产地加工

花采下后,不宜堆放,应立即晾晒干燥或烘干。将花蕾放在晒盘内,厚度以 3~6 cm 为宜,以当天晾晒至干为原则。如遇阴雨天,应及时烘干,初烘时,一般温度不宜过高,应掌握在 30~35 ℃之间。烘 2 h 后,温度可升至 40 ℃左右,经 5~10 h 后,把温度升至 55 ℃左右,使花迅速干燥。烘干时不能用手或其他东西翻动,否则花易变黑;花未干时不能停烘,否则将发热变质。

(三)商品规格

1.密银花规则标准

一等:干货。花蕾呈棒状,上粗下细,略弯曲。表面绿白色,花冠厚质稍硬,握之有顶手感。气清香,味甘微苦。无开放花朵,破裂花蕾及黄条不超过 5%。无黑条、黑头、枝叶、杂质、虫蛀、霉变。

二等:干货。花蕾呈棒状,上粗下细,略弯曲。表面绿白色,花冠厚质硬,握之有顶手感。气清香,味甘微苦。开放花朵不超过 5％,黑头、破裂花蕾及黄条不超过 10％。无黑条、枝叶、杂质、虫蛀、霉变。

三等:干货。花蕾呈棒状,上粗下细,略弯曲。表面绿白色,花冠厚质硬,握之有顶手感。气清香,味甘微苦。开放花朵、黑条不超过 30％。无枝叶、杂质、虫蛀、霉变。

四等:干货。花蕾或开放花朵兼有。色泽不分。枝叶不超过 3％。无杂质、虫蛀、霉变。

2.东银花规格标准

一等:干货。花蕾呈棒状,肥壮,上粗下细,略弯曲。表面黄、白、青色。气清香,味甘微苦。开放花朵不超过 5％。无嫩蕾、黑头、枝叶、杂质、虫蛀、霉变。

二等:干货。花蕾呈棒状,花蕾较瘦,上粗下细,略弯曲。表面黄、白、青色。气清香,味甘微苦。开放花朵不超过 15％,黑头不超过 3％。无枝叶、杂质、虫蛀、霉变。

三等:干货。花蕾呈棒状,上粗下细,略弯曲,花蕾瘦小。表面黄、白、青色。气清香,味甘微苦。开放花朵不超过 25％,黑头不超过 15％,枝叶不超过 1％。无杂质、虫蛀、霉变。

四等:干货。花蕾或开放花朵兼有。色泽不分。枝叶不超过 3％。无杂质、虫蛀、霉变。

第四节　番红花的栽培技术

一、概述

番红花为鸢尾科植物番红花 *Crocus sativus* L. 的干燥柱头。番红花味甘、微苦,性凉,入心、肝经,具有调经、活血、祛瘀、止痛、治疗跌打损伤、培元健身、治疗妇女经闭和产后瘀血腹痛等功效,也是肝病良药。《中国药典》记载,按干燥品计算,本品含西红花苷Ⅰ($C_{44}H_{64}O_{24}$)和西红花苷Ⅱ($C_{38}H_{54}O_{19}$)的总量不得少于 10.0％。番红花原产于希腊、小亚细亚半岛等地中海地区,因为经由印度传入西藏,再由西藏传入内地,所以人们把由西藏运往内地的番红花误认为西藏所产,称为"藏红花"。河南、北京、上海、浙江、江苏等地有引种栽培。

二、形态特征

番红花为多年生草本植物,具有球状的地下鳞茎,叶 9～15 片,无叶柄,自鳞茎生出。叶片窄长线形,长 15～20 cm,宽 2～3 cm,叶缘反卷,具细毛,花顶生,直径 2.5～3 cm;花被 6 片,倒卵圆形,淡紫色,花筒长 4～6 cm,细管状;雄蕊 3 枚,花药明显;雌蕊 3 枚,心皮合生,子房下位,花柱细长,黄色,伸出花筒外部,深红色。蒴果长形,具三钝棱,长约 3 cm,宽约 1.5 cm,种子多数,圆球形,种皮革质。花期为 11 月上中旬。

番红花的药用部分为完整的柱头,呈线形,先端较宽大,向下渐细呈尾状,先端边缘具不整齐的齿状,下端为残留的黄色花枝,长约 2.5 cm,直径约 1.5 mm,紫红色或暗红棕色,微有光泽。体轻,质松软,干燥后质脆易断。将柱头投入水中则膨胀,可见橙黄色成直线下降,并逐渐扩散,水被染成黄色,无沉淀。柱头呈喇叭状,有短缝。在短时间内用针拨之不破碎。气特异,微有刺激性,味微苦。药用的以身长、色紫红、滋润而有光泽、黄色花柱少、味辛凉者为佳。

三、生长习性

番红花喜温和凉爽的气候,耐半阴,喜光,怕酷热,能耐寒,生长适温为 15～19 ℃,一般冬季不低于－10 ℃即可安全越冬。忌雨涝积水,喜排水畅通、疏松肥沃、腐殖质丰富的沙质土,适宜 pH 为 5.5～6.5。夏季休眠,在南方高温地区,适当遮阴能延长番红花的生长时间,利于球茎增重。入秋后种植,深秋开花,花期为 10～11 月,第二年 4～5 月地上部分枯萎,整个生育期约为 210 天。一般用球茎繁殖,我国多采用室内采花、大田繁殖球茎的方式。

四、栽培技术

(一)选地整地

番红花属于须根系浅根植物。大田选择光照充足、疏松肥沃的地块。冬季温暖、夏季凉爽、阳光足、稍带坡、排水好、腐殖质丰富的壤土最为适宜。忌连作,前茬以豆类、玉米、水稻等为佳,也可在果园内间作。北方冬季气温低,不要追肥,施足基肥即可。结合翻耕每亩施 1.5 kg 五氯硝基苯消毒,施腐熟圈肥 5000 kg、过磷酸钙 50 kg、氮肥 30 kg、腐熟饼肥 200 kg 作基肥。整细耙平,可按南北向挖沟建畦,畦宽 1.3 m,高 30 cm,畦面呈龟背形,畦间距 30～40 cm。北方如果整成低畦,则可以起到防寒保温的作用。

(二)繁殖方法

番红花的繁殖方法常用球茎繁殖和播种繁殖,但以球茎繁殖为主。成熟球茎有多个主、侧芽,花后从叶丛基部膨大形成新球茎。每年 8～9 月将新球茎挖出栽种,当年可开花。播种繁殖需栽培 3～4 年才能开花。

1.球茎繁殖　5 月中旬,在番红花地上部分尚未完全回苗时,挖取球茎,按大小分级,放在通风干燥处贮存。9 月中上旬栽种。

栽前使用苯来特稀释液浸泡球茎,同时用安百亩处理土壤,杀灭土壤中的线虫,防止病虫害蔓延。早下种球茎先发根后发芽,早出苗,有利于植株生长发育;迟下种则球茎先发芽后发根,迟出苗,幼苗生长较差。球茎的大小、重量与开花多少有密切关系。球茎重量在 8 g 以下的一般不开花,开花朵数随球茎重量的增加而增多。叶丛数、叶片数及叶片大小与球茎大小也存在一定关系。因此,番红花的球茎须经挑选,分级种植。一般分 25 g 以上、16~25 g,8~16 g,8 g 以下四个档种植,方便管理。

播前使用 5% 石灰水浸种茎 20 min 可防治顶芽腐烂;用 25% 多菌灵 500 倍液与三氯杀螨醇或 40% 乐果 3000 倍液等两种药剂混合浸种 20 min,立即下种,可防治腐烂病和罗宾根螨。种前剔除球茎上的侧芽,16 g 以下的种茎留 1 个顶芽,16~25 g 的留 2 个顶芽,25 g 以上的留 3 个顶芽,平畦栽植。番红花的产量与种植密度、深度有一定关系。若种植过浅,新球茎数量多、个体小,能开花的球茎少;若种植过深,新球茎即使大一些,而开花的球茎数量也要减少。因此,番红花的种植密度与深度要根据球茎大小而定,分开种植。8 g 以下球茎以行距 9~12 cm、株距 3 cm、深 3~4.5 cm 为宜;8~25 g 的球茎以行距 12 cm、株距 6~9 cm、深 6 cm 为宜;25 g 以上球茎以行距 12~15 cm、株距 9~12 cm、深 6 cm 为宜。种时按上述深度开沟下种,按以上密度将球茎放入,主芽向上,轻压入土,覆土弄平。

2.播种繁殖 我国栽培的番红花不易结籽,必须通过人工授粉才能得到种子。待种子成熟后,随收随播种于露地苗床或盆内。种子播种密度不能过大,以稀些为好,因为植株需长球茎,一般 2 年内不能起挖,从种子播种到植株开花往往要经 3~4 年的时间。

(三)田间管理

番红花在种植后 20~30 天开始出苗,出苗前可灌水一次,出苗后 3~4 天即开花,花期较短。北方地区 11 月中下旬须搭设防寒防风的设施。入冬前灌一次冻水。冬季在畦面上均匀施撒农家肥 4000 kg,既能增加肥力,又能保暖防冻。2 月中旬返青后,每公顷施饼肥 1500 kg。3 月起番红花进入生长旺盛阶段,每 10 天喷一次 0.2% 磷酸二氢钾溶液,连续喷 2~3 次。1 月气温最低时,可在畦面上加一层覆盖物覆盖;2 月下旬除去覆盖物。3~4 月为番红花生长最旺盛时期,此时应注意经常除草松土,防止土壤板结和杂草丛生,以利于球茎膨大。4 月中旬再灌水一次,5 月采挖球茎,休眠过夏。

番红花生长过程中会出现增生的侧芽,侧芽的出现会分散主球茎的养分积累,需要除去侧芽。出苗后,将小刀插入土中,轻轻地连叶剔除小芽,保留 1~3 丛较大的叶丛。除芽可增加子球茎中大球茎数量,提高产量,否则侧芽太多,形成的球茎小,影响开花。

　　干旱时适时浇水,入冬前要灌水防冻。3～4月正是球茎膨大时期,春季下雨时要注意排除田间的积水,雨后及时排水,防止球茎腐烂、叶片发黄,导致植株早枯。

　　(四)病虫害防治

　　1.腐败病　腐败病为细菌病,番红花出苗后即可发生,2～3月危害严重。近叶鞘基部首先被害,呈红褐色,抽出的叶端或整叶发黄;地下球茎的染病区变褐,须根由白色变为淡褐色或紫黑色,最后断裂脱落;肉质的贮藏根被害后,呈暗褐色,并出现污白色浆状物而腐烂;地下球茎腐烂死亡。

　　防治方法:①用5％石灰水浸种20 min,用清水冲洗后下种。②发现病株及时拔除,并在穴内撒石灰粉消毒。③实行轮作。④苗期用50％叶枯净1000倍液或75％百菌清500倍液喷雾,每7天喷一次,连续喷2～3次。

　　2.腐烂病　腐烂病的病原菌有拟枝孢镰刀菌 *Fusarium sporotrichioides*、半裸镰刀菌 *F. Semitectum* 和茄病镰刀菌 *F. solani*。番红花被害后叶片发黄,球茎发黑腐烂,留下空壳。在黏重壤土、排水不良和地下害虫严重的情况下较容易发病。

　　防治方法:①下种前每公顷施石灰粉1500 kg或五氯硝基苯22.5 kg,浅翻一次。②加强地下害虫的防治,可用90％敌百虫1000倍液浇灌。③生长期用50％退菌特1500倍液或50％托布津1000倍液浇灌。

　　3.轻花叶病毒病　病原为鸢尾轻花叶病毒。病株表现为叶片卷曲,叶呈淡黄色褪绿条纹花叶,有杂斑,畸形,生长不良,侧芽增多,提早倒苗等。

　　防治方法:①挑选无病球茎种植。②用7.5％鱼藤精600倍液或40％乐果1000倍液防治蚜虫,减少传播病毒的机会。

　　4.罗宾根螨　虫体主要为害球茎。

　　防治方法:选用三氯杀螨醇或40％乐果3000倍液浸种,浸后栽种。

五、采收与产地加工

　　1.球茎的收获与贮藏　栽培后第二年5月上中旬,待植株完全枯萎后,选晴天采挖。从畦的一边逐行连土翻起,拣起球茎,去掉泥土,置于阴凉处,1周左右再分档贮藏。球茎收获后先剔除有病虫害、伤痕和机械损伤的球茎,按大、中、小分别贮藏。贮藏的方法有:①沙藏:选择室内干燥、阴凉的地方,铺一层厚约3 cm、半干燥的细沙,摆一层6～9 cm厚的球茎,再铺一层细沙,如此重复操作,高度以50 cm为宜,宽70～100 cm,长度不定,最后盖上约6 cm厚的细沙。注意防鼠害。②挂藏:将球茎装在带有小孔的竹筐或编织袋内,吊于阴凉通风处。生产实际中发现,将球茎贮藏在21～30 ℃下1～4个月,对花芽分化、花器官形成以及开花期都有显著影响,并能使花柱产量明显增加。

2.花的收获与加工　10月至11月中旬为番红花花期较为集中的时间,由于花期短,必须于开花当天及时采收。每天中午或下午采收一次。采收时将整朵花连管状的花冠筒一起带回室内加工。轻轻地剥开花瓣,两只手各拿三片花瓣往下剥取,把花瓣基部管状花冠筒剥开,取出柱头及花柱黄色部分,薄薄摊于白纸上晒干,或放在35~45 ℃烘箱内烘3~5 h。干后收藏在清洁干燥的盆里或瓶内,避光保存。折干率为6:1。一般每公顷产干丝7.5~15 kg,可收球茎15000~19500 kg。

第五节　辛夷的栽培技术

一、概述

辛夷为木兰科植物望春玉兰 *Magnolia biondii* Pamp.、玉兰 *M. denudata* Desr. 或武当玉兰 *M. sprengeri* Pamp. 的干燥花蕾。辛夷味辛、性温,归肺、胃经,能散风寒、通鼻窍,用于治疗风寒头痛、鼻塞鼻渊等症。《中国药典》记载,按干燥品计算,本品含木兰脂素($C_{23}H_{28}O_7$)不得少于0.40%。辛夷主产于河南南召、嵩县、卢氏以及湖北南漳、夷陵、巴东、五峰、鹤峰,陕西、甘肃也有生产。玉兰主产于安徽安庆、桐城、怀宁,称"安春花",此外,浙江淳安、江西也有生产;武当玉兰主产于四川北川、江油及陕西安康等地。

二、形态特征

望春玉兰为落叶乔木,株高可达15 m,全株均有辛香气息。干皮灰白;小枝紫褐,具纵阔椭圆形皮孔,浅白棕色;顶生冬芽卵形、较大,长1~1.5 cm,被淡灰绿色绢毛,叶互生,具短柄,柄长约2 cm,无毛或有时稍具短毛;叶片椭圆形或倒卵状椭圆形,长10~16 cm,宽5~8.5 cm,先端渐尖,基部圆形或圆楔形,全缘,两面光滑无毛,主脉凸出。花先于叶前开放,单花生于枝顶;花萼3裂,通常早脱;花冠6裂,外紫、内白、倒卵形,长8 cm左右;雄蕊多数,螺旋排列,花药线形,花丝短;心皮多数分离,亦螺旋排列,聚合蓇葖果通常弯曲,成熟时露出红色的种子。花期3月,果期9月。生于海拔400~2400 m的山坡林中。

玉兰叶倒卵形或宽倒卵形,叶柄及叶下面被白色柔毛,托叶痕长为叶柄的1/2;花被片9枚,白色,有时外面基部红色,倒卵状长圆形。花期2~3月,果期8~9月。生于海拔1200 m以下的常绿阔叶树和落叶阔叶树混交林中,庭院普遍栽培。

武当玉兰叶倒卵形,叶面沿脉疏生平伏柔毛,托叶痕细小;花被片12~14枚,外面玫瑰色,内面较淡,有深紫色纵纹,倒卵状匙形或宽匙形。生于海拔1300~

2000 m 的常绿阔叶树和落叶阔叶树混交林中。

三、生长习性

辛夷喜温暖湿润气候,能耐寒、耐旱,忌积水。幼苗忌强光和干旱。野生者多生于海拔 200 m 以上的平原、丘陵和山谷,有较强的抗逆性,在酸性或微酸性土壤上生长良好。种子有休眠特性,低温沙藏 4 个月可打破休眠,低温处理的种子发芽率在 80% 以上,每年秋季落叶,第二年春季先花后叶。实生苗 8~10 年产蕾,嫁接苗 2~3 年产蕾。

四、栽培技术

(一)选地整地

根据辛夷的生长习性特点,育苗地宜选阳光较弱、温暖湿润的环境,土壤以疏松肥沃、排水良好、微酸性的沙壤土为好。翻耕约 30 cm,施足腐熟堆肥,整平耙细,做成宽 1.5 m 左右的畦。栽植地宜选阳光充足的山地阳坡,或在房前屋后零星栽培,最好大面积成片栽培,以便于管理。栽前宜深耕细耙,施足底肥,做好排水沟,以利于排灌。

(二)繁殖方法

1.嫁接繁殖 可采用芽接或枝接(切接、劈接)进行繁殖,因为辛夷砧木髓心大,所以芽接比枝接成活率高。通常在初春幼芽萌发前和秋季新梢成熟后进行芽接。砧木以 2~3 年生、茎粗 1~1.5 cm 木兰实生苗为优,接穗应选一年生粗壮枝条上的饱满芽体,取接穗上中部向阳的饱满芽,剪除叶柄,用湿毛巾保湿。削芽片时,将接穗倒拿,捏在左手拇指和中指之间,削成短削面和长削面。长削面要选在接穗平直的一面,操作时将作长削面的一面紧贴在食指尖上,削面呈 45° 斜面,再把接穗翻转,在芽上 0.3~0.4 cm 处平削一刀,露出形成层,一直削至短削面削口处,最后在芽上面 0.2 cm 处斜削一刀,使芽片和接穗分离。

2.扦插繁殖 时间选在 5 月初至 6 月中旬,选择幼龄树的当年生健壮枝条,长 10~12 cm,留叶 2 片,下端切口留芽带踵,在 0.1% 吲哚丁酸溶液中快速蘸一下,随即扦插。苗床用干净湿沙做成,按行株距 15 cm×4 cm 插入,使叶片倒向一边,勿重叠或贴地。扦插后浇透水,用塑料薄膜覆盖,再盖上草帘遮阴。插条成活后,注意除草、追肥。培育 1 年即可定植。定植时间一般选在秋季落叶和早春萌芽前。定植后至成林前,每年在夏、秋两季各中耕除草一次,并用杂草覆盖根际。定植时应施足基肥,在冬季适施堆肥,或在春季施人畜粪水,促进苗木迅速成林。始花后,每年应在冬季增施过磷酸钙,使第二年蕾壮花多。为了控制树形高大,矮化树干,在主干长至 1 m 时打去顶芽,促使分枝。在植株基部选留 3 个主枝,向四方发展,各级侧生短、中枝条一般来说不剪,长枝保留 20～25 cm。每年修剪的原则是,以轻剪长枝为主,重剪为辅,以截枝为主,疏枝为辅,在 8 月中旬还要注意摘心,促进来年多生花枝。

3. 种子繁殖

(1)育苗:选择健壮植株的种子作母种,于 9 月上中旬将采收的成熟种子与粗沙混拌,反复搓揉,直至脱去红色油脂层。再用清水漂洗晾干,拌细湿沙低温处理,一般选背风向阳处挖地,拌 2～3 倍种子量的细沙,覆草保湿。在此期间要注意保持湿润,待种子裂口露白时,及时播入育苗床,可按行距 30 cm 开沟,沟深 3 cm。播后少许覆土,保持湿润 1 个月左右即可出苗,沙藏期注意防积水与霉变。

(2)移栽:2 年后,幼苗长到 80～100 cm 高时即可移栽,苗木随起随栽。

(三)田间管理

1. 中耕除草 移栽后每年应于夏、冬两季中耕除草,并于基部培土,除去基部萌蘖苗。

2. 施肥 辛夷喜肥耐肥,施肥时间选在 2 月中旬,每亩施入 2000 kg 农家肥与 100 kg 过磷酸钙堆沤的复合肥,在株旁开穴施下。夏季摘心期与冬季前也应适施农家肥。

3. 整形修剪 辛夷幼树生长旺盛,必须及时修剪,否则内部通风透光不良,容易造成郁闭,影响花芽形成。在定植苗高 1～1.5 m 时打顶,主干基部保留 3～5 个主枝,避免重叠,以充分利用阳光,基部主枝宜与主干保持 20 cm 的距离,方便矮化树冠,利于采摘。每个主枝保留顶部枝梢,侧枝保留 25 cm 左右,保留中短花枝,打去长势旺的长枝,树冠整成伞状,以内部通风透光为好。为使翌年多产新果枝,宜于 8 月中旬摘心。

(四)病虫害防治

1. 立枯病 每年 4～6 月多雨时期易发,为害幼苗,导致幼苗基部腐烂。

防治方法:①将苗床整平,保障排水良好。②进行土壤消毒处理,每亩可用 15～20 kg 硫酸亚铁,磨细过筛,均匀撒于畦面。③拔除病株并烧毁。

2. 虫害 苗期有蝼蛄、地老虎等为害嫩茎,可用 2.5% 敌百虫粉拌成毒饵诱杀。生长期主要有刺蛾、蓑蛾等为害茎叶,可按常规方法防治。

五、采收与产地加工

采收最佳时间为每年 12 月底至翌年 1 月初,或在来年春季开花前采收。采集尚未开放的花蕾,连梗采下(梗长不得超过 1 cm),除去杂质。摊晒至半干时,收回室内,堆放 1～2 天,使其发汗,然后摊晒,如此反复,直至全干,即成商品。如遇阴雨天,可用烘房低温烘烤,以身干、花蕾完整、肉瓣紧密、香气浓郁者为佳。

第六节　玫瑰花的栽培技术

一、概述

玫瑰花为蔷薇科植物玫瑰 *Rosa rugosa* Thunb. 的干燥花蕾,味甘、微苦,性温,归肝、脾经,能行气解郁、和血止痛,用于肝胃气痛、食少呕恶、月经不调、跌扑伤痛等。玫瑰花主产于山东平阴、甘肃永登、安徽萧县等地,现各地均有栽培。

二、形态特征

玫瑰为灌木,高可达 2 m 左右,枝条粗壮,茎丛生;小枝密被刺毛。有直立或弯曲、淡黄色的皮刺。奇数羽状复叶互生,小叶 5~9 枚,小叶片椭圆形或椭圆状倒卵形,长 1.5~4.5 cm,宽 1~2.5 cm,先端急尖或圆钝,基部圆形或宽楔形,边缘有尖锐锯齿,上面深绿色,无毛,叶脉下陷,网脉明显。托叶贴生于叶柄,离生部分卵形,边缘有带腺锯齿,下面被绒毛。花单生于叶腋,或数朵簇生,苞片卵形,边缘有腺毛,外被绒毛;花梗长 5~22.5 mm,密被绒毛和腺毛;花芳香,直径 4~5.5 cm;萼片卵状披针形,先端尾状渐尖,常有羽状裂片而扩展成叶状,上面有稀疏柔毛,下面密被柔毛和腺毛;花瓣倒卵形,重瓣至半重瓣,紫红色至白色;花柱离生,被毛。果实橙红色,微扁球形。萼片宿存。花期 5~6 月,果期 8~9 月。

三、生长习性

玫瑰是温带树种,能耐寒、耐旱,喜阳光充足的环境及排水良好、疏松肥沃的壤土或轻壤土。在黏壤土中生长不良,开花不佳,在微碱性土壤能生长,在富含腐殖质、排水良好的中性或微酸性轻壤土上生长和开花最好。玫瑰最喜光,宜栽植在通风良好、离墙壁较远的地方。在庇荫处生长不良,开花稀少,也不耐积水,受涝后下部叶片发黄、脱落。萌蘖性强,生长迅速。

四、栽培技术

(一)选地整地

平整土地,选择土层深厚、结构疏松、排水良好的地块建立玫瑰园,按株距 50 cm、行距 150~200 cm 挖坑,坑深 50 cm。每坑施 10 kg 农家肥或生物有机肥。亦可选择向阳、疏松肥沃、排水良好的壤土或沙壤土作为园地。耕前每亩施入堆肥 2500~3000 kg,深翻 20~25 cm,耙细整平,做成高畦,宽 1.5 m,高 15 cm 左右,两边挖 30 cm 的排水沟造园。

（二）繁殖方法

玫瑰花以分株繁殖为主，亦可采用压条繁殖和扦插繁殖。

1.分株繁殖 在分株前一年，于母株根际附近施足肥料并浇水，同时保持土壤疏松湿润，促进来年栽培的玫瑰根部能大量萌蘖。因为玫瑰的分蘖能力很强，每次抽生新枝后，母枝易枯萎，所以必须将根际附近的嫩枝及时移植到别处去，保持母枝仍能旺盛生长。据此，在每年11～12月植株落叶后，或第二年2月芽刚萌动时，可从大花株中挖取母株旁生长健壮的新株，每丛具茎干2～3枚，带根分栽。栽后自土面以上20～25 cm处截干，培育2～3年即可成丛开花。

2.压条繁殖 在每年6～8月梅雨季节挑选当年生的健壮枝条，使之弯曲入土，将入土部分进行划刻，造成愈伤组织，然后用土块嵌入伤口，随即埋入土中。用竹叉或树杈固定，让枝梢露出地面，保持土壤湿润，2～3个月即可生根。第二年春天切下枝条，与母株分离，另行栽植。

3.扦插繁殖 在早春萌芽前，选取生长健壮、无病虫害的一年生枝条，剪成20 cm左右长的插穗，斜插于用消毒河沙制成的插床中，深度为12～14 cm，压实后浇水，保持沙床的温度。30天左右就能生根，待发芽后移栽。在沙床扦插时愈合生根较容易，但须在温室内向阳处或在田间搭拱形塑料大棚扦插，管理工作要求细致。嫩枝扦插一般在梅雨季节进行，取半成熟枝条，切取中下部约20 cm长作插穗，上带2～3个节和芽，斜插于土中，压实后浇水，待生根发芽后移栽；老枝扦插多在9～11月生长季节进行。

（三）田间管理

1.除草 玫瑰园田间管理的主要工作是松土除草。此项工作应经常进行，保持园内无杂草。

2.追肥 玫瑰极喜肥。每年春季芽刚萌动时，施稀薄人畜粪水，浇灌于根际周围。秋季落叶后，在植株周围开环状沟施肥，每株施入堆肥或厩肥25 kg、过磷酸钙2 kg，既能增加土壤肥力，又可防寒。

3.修剪 12月中旬，剪除交叉枝、枯枝、老枝和病虫害枝。另外，在第一批花开后，要在花枝基部以上10～20 cm处或枝条充实处选留一个健壮腋芽，然后剪断。这样可以增强树势，多发新枝，使第二年花蕾增多。

（四）病虫害防治

1.白粉病 多发于夏季高温高湿时。病菌侵染叶、茎、花柄后，早期症状为幼叶扭曲，呈浅灰色，长出一层白色粉末状物，为分生孢子。发病严重时花少，甚至不开花，叶片枯萎而死。

防治方法：①喷洒0.3～0.5波美度石硫合剂或50％可湿性托布津1000倍

液。②适量施用氮肥。③抽出新叶后,喷以 1∶1∶100 倍波尔多液,每周喷一次,连续喷 2～3 次。早秋亦需喷雾数次。

2.蔷薇白轮蚧　7 月至 8 月上旬,若虫爬到叶面主脉上或主脉两侧、嫩梢、叶柄基部固定下来为害植株。

防治方法:①在若虫孵化期喷施 25％亚胺硫磷乳剂800～1000 倍液或 40％氧化乐果乳剂 1500 倍液。②保护和利用天敌,主要有红点唇瓢虫和灰唇瓢虫。③在12月落叶后至 2 月初萌动前喷射 3～5 波美度石硫合剂。

3.蚜虫与红蜘蛛　蚜虫与红蜘蛛是玫瑰栽培过程中常见的虫害,可按常规方法进行防治。

五、采收与产地加工

药用玫瑰花一般分三期采收,有头水花、二水花和三水花之分。其中头水花肉厚、香味浓、含油分高、质量最佳。采收已充分膨大但未开放的花蕾。采收时间在 4 月下旬至 5 月下旬,即盛花期前。采收后置于阴凉通风干燥处晾干或放在竹帘上用文火烘干,不宜曝晒。具体操作方法为:先晾去水分,依次排于有铁丝网底的木框烘干筛内。花瓣统一向下或向上,按顺序更换文火烘烤,烘至花托掐碎后呈丝状,表示已干透。一般头水花 4 kg 烘至 1 kg,其他为 4.5～5 kg 烘至 1 kg。分级时,以身干色红、鲜艳美丽、朵头均匀、含苞未放、香味浓郁、无霉变、无散瓣、无碎瓣者为佳;花朵开放、日光曝晒、散瓣、碎瓣者一般质量较差。经干燥的花一般分装在纸袋里,再贮藏在有石灰的缸里,加盖密封。以后,每年在梅雨季节更换新石灰。

提取芳香油或作食品、酿酒、熏茶用时,应在花朵初开放、刚露出花心时采摘,并按不同用途分别进行加工。食用花的加工方法为:将花瓣剥下,花托及花心去除。100 kg 花瓣加 5.7 kg 食盐、3.5 kg 明矾粉、30 kg 梅卤,进行均匀揉搓,并不断翻动、压榨去汁,使重量仍保持在 100 kg 左右,再加食糖 100 kg,充分拌和均匀后装坛备用。配方中食盐用于防腐;明矾使花瓣硬而不黏,增添外观美感;使用梅卤是为了保持花瓣鲜艳、色泽不褪。经加糖后即成为含有少量黏稠、浅棕色液的玫瑰红色花泥,具有浓郁扑鼻的玫瑰油香气,食之香甜,略带酸咸味。

一般用水蒸气蒸馏法提取玫瑰精油,3～5 吨鲜玫瑰花可提取出 1 千克玫瑰精油。

第七节　薏苡仁的栽培技术

一、概述

薏苡仁为禾本科植物薏苡 *Coix lacryma-jobi* L. var. *ma-yuen*（Roman.）

Stapf 的干燥成熟种仁。薏苡仁有健脾渗湿、除痹止泻、清热排脓的功效,用于脾虚湿泻、小便不利、热淋、水肿、湿脚气、风湿热痹、筋脉拘挛、肺痈、肠痈等症,还可用于治疗皮肤扁平疣及恶性肿瘤。《中国药典》记载,按干燥品计算,本品含甘油三油酸酯($C_{57}H_{104}O_6$)不得少于 0.50%。薏苡仁主产于贵州、辽宁、福建、浙江、江苏、安徽、河北、湖北等地,全国大部分地区均有栽培。

二、形态特证

薏苡为一年生或多年生草本植物。秆直立,高 1~1.5 m,基部节上生根。叶鞘光滑无毛,叶舌质硬,叶片线状披针形。总状花序成束腋生,直立或下垂,具总柄;小穗单生,雌小穗位于花序的下部,包藏于珐琅质总苞内,小穗和总苞等长;雄小穗常 3 个着生于一节,其中一个无柄,长 6~7 mm,颖革质,第一颖扁平,两侧内折成脊,先端钝,具多条脉,第二颖船形,具多数脉;内含 2 小花,外稃和内稃都是薄膜质;每朵小花含雄蕊 3 个;有柄小穗和无柄小穗相似,但较小或退化。果实成熟时呈珠子状,白色、灰色或蓝紫色,坚硬而光亮,顶端尖,有孔,内有种仁。花期和果期为 7~10 月。

三、生长习性

薏苡的适应性比较强,不耐寒,喜肥,喜湿润,怕干旱,尤以苗期、抽穗期和灌浆期要求土壤湿润,干旱无水源的地方不宜种植。对土壤要求不严,但以肥沃的沙质壤土为好。忌连作,一般不与其他禾本科作物轮作,前茬以豆科作物、棉花、薯类等为宜。种子容易萌发,发芽适温为 25~30 ℃,发芽率为 85% 左右。种子寿命为 2~3 年。

四、栽培技术

(一)选地整地

选择向阳、排灌方便、疏松肥沃的沙质壤土种植。前茬作物收获后,每亩施厩肥 3000~4000 kg,深耕细耙,整平,一般只开排水沟,不需起畦。也可做平畦,畦宽 1.3~1.7 m,沟宽 25~30 cm,深 20 cm。

(二)繁殖方法

薏苡用种子繁殖,可大田直播或育苗移栽。

1. 种子处理　为促进种子萌发和防止黑穗病,播前应进行种子处理。方法如下:①用 5% 石灰水或 1∶1∶100 倍波尔多液浸种 24~48 h 后取出,用清水冲洗干净。②用 60 ℃温水浸种 30 min 后,置入凉水中冷却,捞出晾干。③100 kg 种子加 75% 五氯硝基苯 0.5 kg,进行拌种。

2.大田直播　薏苡的播种期因品种而异,一般在 3～5 月播种,早熟种可早播,晚熟种可晚播。可点播或条播。目前生产上多采用直播法。

(1)点播:行株距因品种而异,早熟种可密些,晚熟种可稀些,一般为(25～40) cm×(30～50) cm,穴深 5～6 cm,每穴播 4～6 粒,覆土厚 4～5 cm,稍镇压。每亩用种量为 2.5～3.5 kg。

(2)条播:早、中、晚品种的行距分别为 33～40 cm、40～50 cm 和 50～66 cm,沟深约 5 cm,上覆细土平畦面,稍镇压。每亩用种量为 4～6 kg。

3.育苗移栽　待苗高 12～15 cm 时即可移栽,行株距同直播,每穴栽苗 2～3株。栽后浇稀粪水,育苗每亩用种量为 30～40 kg。可在 4～6 月采取地膜覆盖的方式进行育苗。整好苗床,撒播育苗,稍覆细土,并保持土壤湿润。30～40 天后,当苗高 8～12 cm、有 3 片真叶时进行移栽,每穴栽 1～2 株壮苗。移栽前,穴内施入腐熟的农家肥,并与穴土充分混合,栽后覆土并浇稀薄人粪水。最好在阴天或傍晚带土进行移栽。

(三)田间管理

1.间苗与补苗　当苗高 7～10 cm 或长出 3～4 片叶时进行间苗,每穴留苗 2株。发现缺苗时应及时补栽,先将空穴挖开,再从出苗多的穴挖出带泥坨的苗,栽在挖开的穴内,踩实。

2.中耕除草　一般要求除草 2～3 次,中耕 2～3 次,做到田间无杂草。封垄(培土)后,停止中耕,以免伤根,影响生长。

3.追肥　如植株生长粗壮,叶色浓绿,可不追肥。但在抽穗扬花期,最好追一次磷、钾肥,施过磷酸钙 10～15 kg、氯化钾 10 kg,可促进籽粒饱满,提早成熟。无霜期短的地区,可喷增产灵。

4.灌水　苗期、穗期、开花和灌浆期应保证有足够的水分。若遇干旱,要在傍晚及时浇水,保持土壤湿润。雨后要排除畦沟积水。

5.摘除脚叶　于拔节后摘除第一分枝以下的老叶和无效分蘖,以利于通风透光,减少养分消耗。

6.人工辅助授粉　薏苡是异花授粉植物,借风媒传粉。开花期每隔 3～4 天于上午 10～12 点用拉绳法振动植株茎秆,使花粉飞扬,以助授粉,提高结实率。

(四)病虫害防治

1.黑穗病　又名"黑粉病",危害严重,发病率高。

防治方法:①播种前严格进行种子处理。②合理轮作。③发现病株后立即拔除烧毁,病穴用 5% 石灰水消毒。

2.叶枯病　雨季多发,为害叶部。

防治方法:发病初期用 1∶1∶100 倍波尔多液或 65% 代森锌可湿性粉剂 500

倍液喷施。

3.玉米螟　5月下旬至6月上旬始发,8～9月危害严重,以1～2龄幼虫钻入心叶中咬食叶肉或叶脉。抽穗期以2～3龄幼虫钻入茎内为害。

防治方法:①播种前清洁田园。②心叶期用50％西维因粉0.5 kg加细土15 kg配成毒土,或用90％敌百虫1000倍液灌心叶。

4.黏虫　又名"夜盗虫",幼虫为害叶片。

防治方法:①幼虫期用50％敌敌畏800倍液喷施。②用糖3份、醋4份、白酒1份和水27份配成糖醋毒液,诱杀成虫。③于化蛹期挖土灭蛹。

五、采收与产地加工

(一)采收

薏苡栽培当年就可以收获,具体采收期因品种和播种期不同而异。早熟品种8月即可采收,而晚熟品种要到11月采收。同一植株籽粒的成熟期也不一致,一般待植株下部叶片转黄,籽粒已有85％左右成熟变色时,即可收割。

(二)产地加工

割下的植株集中立放3～4天后用打谷机脱粒。脱粒后的果实摊晒至干即得壳薏苡,壳薏苡便于保藏。供药用或食用时,用脱壳机碾去外壳和种皮,筛净晒干,即得薏苡仁。薏苡仁以表面乳白色、光滑、质坚实、断面白色、粉性足、味微甜、个完整者为佳。

第八节　栀子的栽培技术

一、概述

栀子为茜草科植物栀子 *Gardenia jasminoides* Ellis 的干燥成熟果实。栀子具有泻火除烦、清热利尿、凉血解毒的功效,主治热病高烧、心烦不眠、实火牙痛、口舌生疮、吐血、眼结膜炎、疮疡肿毒、黄疸型传染性肝炎、尿血等症,外用治外伤出血和扭挫伤。《中国药典》记载,按干燥品计算,本品含栀子苷($C_{17}H_{24}O_{10}$)不得少于1.8％。栀子主产于浙江、江西、福建、湖北、湖南、四川、贵州等地,全国大部分地区均有栽培。

二、形态特征

栀子为常绿灌木或小乔木,高100～200 cm。叶对生或2叶轮生,茸质,长椭圆形或长圆状披针形,全缘;叶柄短;托叶鞘状,膜质。花单生于枝顶或叶腋,芳香,萼管倒圆锥形,有棱,裂片线形;花瓣成旋卷形排列,花冠高脚碟状,初为白色,后变为乳黄色。果卵形,黄色,有翅状纵棱 5～8 条,种子扁平多数。花期 5～7 月,果期 8～11 月。

三、生长习性

栀子喜光、怕严寒,要求光照充足、通风良好、温暖湿润的生长条件;喜土层深厚、疏松肥沃、排水良好的酸性土壤,是典型的酸性土壤植物。在－5 ℃以上能安全越冬,20～25 ℃最为适宜,30 ℃以上生长缓慢。种子容易萌发,发芽适温为 25～30 ℃,发芽率可超过 95%。种子寿命为 1～2 年。

四、栽培技术

(一)选地整地

育苗地土壤以疏松肥沃、透水通气良好的沙壤土为宜。播前深翻土地,整平耙细,做成宽 1～1.2 m、高 17 cm 左右的苗床。定植地以坐北朝南或东南向、耕作层深厚、土壤肥沃、土质疏松、排灌方便的冲积壤土、紫色壤土和砾质土为好,重黏土和重盐碱土不宜种植。可利用丘陵、山坡、田边和地角种植。选地后宜冬前深翻。园地平坡、较平坦的土地应翻耕整地,垦耕 20 cm 深以上,整好梯田式畦,畦宽视山的地势而定,一般为 1.5～2.0 m。缓坡地采用条带状整地法,垦耕 20 cm 深以上,由山上部到山下部,沿等高地按栽种行距挖里外填,挖出里低外高的反坡状条带,以利于蓄水保土。按预定栽植株数挖穴,规格为 40 cm×40 cm×30 cm。栽植前,穴底施钙、镁、磷肥 0.25 kg 或复合化肥 0.25 kg,并以 5～10 kg 土杂肥或 5～10 kg 腐熟厩肥与土混匀作基肥。

(二)繁殖方法

栀子可用种子繁殖、扦插繁殖和分株繁殖等三种方法繁殖,生产上多采用种子繁殖和扦插繁殖。

1.栽培类型及品种的选择 栀子栽培类型宜选择品系纯正的中叶宽冠型和矮枝矮冠型。目前适合栽培的栀子品种较多,主要有赣湘 1 号、赣湘 2 号、湘栀子 18 号、秀峰 1 号和早红 98 号等。

2.种子繁殖 主要采用育苗移栽。秋冬季节种子成熟时,采下果实晾干或取出种子,去果肉后晾干备用。栀子可在 2 月下旬至 3 月中下旬播种育苗,当年生苗木可出圃,也可在 9 月至 11 月初播种。播种前用 40～45 ℃温水浸种 24 h,去掉浮种杂质,稍晾干即可播种。在苗床起 1.3 m 宽的高畦,按 20 cm 的行距开 3～5 cm 深的播种沟。先将种子与草木灰或细土混合,然后均匀撒在沟里,覆土 2～3 cm,最后盖草、浇水。每亩播种量为 2.5～3 kg,播后 50～60 天开始出苗。

3.扦插繁殖 4月至立秋随时可以扦插,但以夏秋季节扦插的成活率最高。插穗选用健康的二年生枝条,长15～20 cm,剪去下部叶片,在距下端芽0.5 cm处削成马耳形,可在维生素B_{12}针剂中蘸一下,也可用200～500 mg/L吲哚丁酸浸泡后扦插,效果更佳。将插条斜插于准备好的苗床中,在相对湿度80%、温度20～24 ℃条件下约15天可生根。待插条生根、小苗开始生长后移栽。

4.分株繁殖 春季或秋季选择优良健壮的植株,刨开表土,将萌蘖苗从与母株相连处分挖出来,然后单独栽植,浇施稀粪水,促其成活。

(三)田间管理

1.中耕除草 幼苗出土后,揭去覆盖物,经常保持苗床湿润,及时除去杂草。定植后特别要加强中耕除草,每年保持2次以上,中耕除草宜浅。

2.追肥 定植后每年追肥3～4次。肥料以厩肥、堆肥为主,增施磷肥或饼肥可显著提高产量。在3月底至4月初,每株施尿素2～3 kg,为开花奠定营养基础。在花谢后的6月下旬施壮果肥,每株深施复合肥3～4 kg,此次忌施氮肥,以防止夏梢过量抽发,影响果实生长。立秋前后重施花芽分化肥,每株施尿素2～3 kg,配合施粪尿水2 kg,挖穴水施,这次施肥是增产的关键。采果后,在冬季沿树四周15 cm以外深耕施肥培土,可施堆肥或厩肥和硼、磷肥,以利于恢复树势,增强其越冬抗寒能力。

3.灌溉与排水 生长期的幼树若在夏伏天遇到长期干旱,土壤又十分干燥,要注意及时在早晚浇水,以确保幼树的正常生长。对于花前、花后、果实发育期的结果树,在伏旱严重时要灌足1～2次水,以确保栀子的优质与高产。

4.整形修剪 栽植后1年于冬季或次年春季发芽前20天进行修剪,将主干30 cm左右以下的芽全部抹去,确保树形小乔木化,并可采用抹芽、摘心、拉枝、疏枝、短截、回缩等方法或措施。修剪时,先抹去根茎部和主干、主枝以下的萌芽,后疏去冠内枯死、患病虫害、交叉、重叠、密生、下垂、衰老与徒长的枝条,使冠内枝条分布均匀,修剪成内空外圆、层次分明的树冠,以利于通风透光,减少病虫害,提高结实率。

(四)病虫害防治

1.褐斑病 该病为害叶和果。发病严重的植株叶片失绿、变黄或呈褐色,甚至枯死脱落,引起早期落果,严重影响产量。

防治方法:①加强修剪,烧毁病株、病叶,防止病害的蔓延与传播。②发病前,可用1∶1∶100倍波尔多液、50%甲基托布津1000～1500倍液或65%代森锌500倍液喷雾,每隔7～10天喷一次,连续喷2～3次。

2.栀子黄化病 该病为害叶片。通常是由缺肥引起的,正常施肥时如果发生黄化病,多是因为缺铁。开始发病时,枝梢心叶褪绿,叶脉为绿色。发病严重时,叶内呈黄白色,叶片边缘枯黄,叶脉褪绿或呈黄色,最后叶片干枯,树势生长衰弱,开花结果减少。

防治方法:①合理施肥。②发生病害时,可在叶面喷施 0.2%~0.3% 硫酸亚铁溶液,每周喷一次,连续喷 3 次。

3.栀子卷叶螟　其幼虫为害栀子的春、夏、秋梢。遇虫口密度高峰期,会导致翌年花芽萌发减少,产量显著下降。

防治方法:可用杀虫螟杆菌(每克含活孢子100亿个以上)100 倍液喷雾,或用90% 敌百虫 1000 倍液喷洒。

4.龟蜡蚧　6~7 月若虫大量出现,常栖居于叶片、枝梢上吸食为害。

防治方法:①冬季修枝后用 1:10 倍松脂合剂喷施。②6~7 月用 1:15 倍松脂合剂、40% 乐果乳油混合 50% 马拉松 1:1:1000 倍液或 40% 乐果乳油混合50% 敌敌畏乳剂 1:1:1000 倍液喷杀。

5.咖啡透翅蛾　其幼虫为害叶片与花蕾。

防治方法:①冬季翻地,使蛹暴露于表土,被其天敌所食或人工捕杀之。②发生虫害时,用阿维菌素 500~800 倍液或生物农药杀虫螟杆菌(每克含活孢子 100亿个以上)100 倍液喷雾,或用 90% 敌百虫 1000 倍液喷洒。

6.蚜虫　主要为害嫩枝梢和花。

防治方法:发生虫害时,可用 40% 乐果乳油 2000 倍液喷洒。

五、采收与产地加工

(一)采收

于 9~11 月果实成熟、呈红黄色时,选择晴天露水干后或午后进行采收,随熟随采。采收时间不宜过早或过晚。采摘过早,果未全熟,不仅果小色青,而且果内的栀子苷和黄色素含量低,影响产量和质量;采摘过晚,则果过熟,不仅干燥困难,加工后易霉烂变色,也不利于树体养分的积累和安全越冬。

(二)产地加工

采回的鲜栀子除去果梗及杂质,可直接晒干或烘干,也可在蒸汽锅炉内蒸至上汽或置沸水中烫 3~5 min,取出并干燥。干燥过程中需轻轻翻动,勿损伤果皮,还应防止外干内湿或烘焦。

(三)商品规格

一等:干货。呈长圆形或椭圆形,饱满。表面橙红色、红黄色、淡红色或淡黄色。具有纵棱,顶端有宿存萼片。皮薄革质,略有光泽。破开后种子聚集成团状,橙红色、紫红色、淡红色、棕黄色。气微,味微酸而苦。无黑果、杂质、虫蛀、霉变。

二等:干货。呈长圆形或圆形,较瘦小。表面橙黄色、暗紫色或带青色。具有纵棱,顶端有宿存萼片。皮薄革质。破开后种子聚集成团状,棕红色、红黄色、暗棕色、棕褐色。气微,味微酸而苦。间有怪形果或破碎。无黑果、杂质、虫蛀、霉变。

第九节　山茱萸的栽培技术

一、概述

山茱萸为山茱萸科植物山茱萸 *Cornus officinalis* Sieb. et Zucc. 的干燥成熟果肉,又名"枣皮""萸肉",有补益肝肾、涩精固脱的功效,用于眩晕耳鸣、腰膝酸痛、阳痿遗精、遗尿尿频、崩漏带下、大汗虚脱、内热消渴等症。《中国药典》记载,按干燥品计算,本品含莫诺苷($C_{17}H_{26}O_{11}$)和马钱苷($C_{17}H_{26}O_{10}$)的总量不得少于1.2%。山茱萸主产于河南、浙江、陕西、江苏、安徽等地,河南西峡、浙江淳安和陕西佛坪形成了国内三大主产区。

二、形态特征

山茱萸为落叶灌木或小乔木,嫩枝绿色,老枝黑褐色。叶片卵形或卵状椭圆形,顶端尖,基部圆形或楔形,表面疏生柔毛,背面毛较密,侧脉6~8对,脉腋有黄褐色短柔毛;叶柄长约1cm,有平贴毛。花序腋生,伞形,先叶开花,有4个小型苞片,卵圆形,褐色,花黄色;花萼4裂,裂片宽三角形;花瓣4枚,卵形;花盘环状,肉质。核果椭圆形,成熟时红色。花期5~6月,果期8~10月。

三、生长习性

山茱萸喜温暖湿润气候,年平均温度8~17.5℃、年降雨量600~1500mm的地区适宜栽培。山茱萸具有较强的抗寒性,可耐短暂的−18℃低温,但开花期遇冻害会导致严重减产。多分布于阴坡、半阴坡及阳坡的山谷、山下部,以海拔250~800m的低山区栽培较多。

四、栽培技术

(一)选地整地

选择半阴半阳、排灌水方便的平地或5°左右的缓坡地栽种,房前屋后、田边渠旁的闲散地亦可栽种。以土层深厚、肥沃疏松的沙壤土或壤土地为好。每亩施有机肥4000~5000kg,深耕耙细整平。山坡地要提前全面整地,沿等高线做成梯田或鱼鳞坑,达到保水、保土、保肥的目的。

(二)繁殖方法

生产上多采用种子育苗移栽的方法,亦可进行扦插繁殖或压条繁殖。

1. 种子繁殖

(1)选种:在寒露前后山茱萸果实成熟时采收种子,选择生长 15 年以上的高产树作采种树。采摘颗粒饱满、粒大肉厚、无病虫害的果实。采果后将果实放置在太阳光下晒 3~5 天,果皮变软后将种子挤出。注意只能生挤,不能烫煮,不能用火烘,否则影响种子发芽率。

(2)种子处理:

①漂白粉或白碱液浸泡处理:每千克种子用漂白粉 40~50 g 或白碱 50 g,浸 3~4 天,将种皮上的油质和胶质去掉,每天用木棒搅动几次,将漂起来的果皮果肉和漂浮的种子捞去。泡 3~4 天后将种子全部捞出,投入清水中反复搓揉漂洗,将果核上残留的果肉等杂质漂洗干净,至果核发白、显出果棱线时捞出,再用清水冲洗几次,放在通风处晾干,7~10 天即可播种。

②尿水浸泡牛粪处理:将山茱萸种子放入清尿水中浸泡 1 个月,11 月在向阳处挖一深坑,坑底先铺生牛粪一层,厚 3 cm,上面撒一层种子,依此堆积 5~6 层,上盖一层 30 cm 厚的细土,注意洒水,保持湿度。头年冬天埋下,待次年 4 月初挖开查看,种子萌动裂口后即可取出播种育苗,出苗率一般在 80% 以上。

③沙藏处理:种子采收后,用 1 份种子和 3 份湿沙子拌匀,挖一浅坑,将拌好的种子放入坑内,厚 30 cm 左右,上边盖土 20~30 cm,再用稻草覆盖,防止雨水,保温保湿,次年可播种。

(3)播种:春分前后,将已破头萌发的种子挑出播种,播前在畦上开深 5 cm 左右的浅沟,行距 25 cm,将种子均匀撒入沟内,覆土 3~4 cm,稍加镇压,浇水。40~50 天可出苗。

(4)移栽:栽后第二年春季或秋季苗高 60~80 cm 时移栽。秋栽在 10~11 月,于树苗落叶后至土壤结冻前移栽;春栽在 2~3 月,以发梢前移栽为好。行株距以 4 m×3 m 为好,每亩定植 60 株左右。栽植时可挖深、长、宽各 80 cm 的坑,挖坑时将坑内表土和心土各放一边,将表土与肥料拌匀后先回填入坑,将树苗立于坑中,目测与前后树苗对齐,然后将心土回填入坑。边填边踩,将树苗轻轻上提,使根系舒展。栽好后及时浇透定根水,然后盖土封坑,并在苗木四周培土埂,蓄积雨水保墒。春季少雨,要连续浇几次水,保证栽一株活一株。

2. 扦插繁殖　在 2~3 月剪下 66 cm 左右长的母株枝条,用 1:20000 的萘乙酸钠溶液浸 24 h,按行距 33 cm、株距 10~13 cm 插入土中,枝条入土 13 cm 左右。苗床要施足基肥,保持湿润,有条件的可采用小拱棚覆盖保湿保温。待枝条长出须根成活后,方可移栽。

5月中下旬,将健壮、无病、结果多的优良植株枝条剪下,截成15~20 cm长,枝条上部保留2~4片叶,插入腐殖质土和细沙混匀所做的苗床上,入土深度为插条的2/3左右,行株距为15 cm×8 cm,压实,浇足水。可盖塑料薄膜,保持气温在25~30 ℃,相对湿度为60%~80%,上部搭遮阳棚,6月中旬避免强光照射。越冬前撤遮阳棚,浇足水。次年适当松土拔草,加强水肥管理,深秋初冬或第二年早春起苗定植。

(三)田间管理

1.中耕除草 育苗地出苗后,要经常拔草。定植后每年中耕除草4~5次,保持植株四周无杂草。

2.追肥 当育苗地苗高15 cm左右时,追施稀粪肥一次,加速幼苗生长。移栽时如基肥充足,当年可不追肥,以后每年春秋两季各追肥一次。施肥量根据树龄而定,小树少施,大树多施,10年以上的大树每株可施人畜粪10~15 kg。施肥时在树四周开沟,将肥料施入后浇水,等水下渗后将沟盖平。

3.灌水与排水 育苗地出苗前要经常浇水,保持土壤湿润,防止地面板结,可用草覆盖保湿。入冬前浇水一次,以保障安全越冬。定植后第一年和进入花期、结果期时应注意浇水。

4.修剪 当幼树高1 m时,于2月上旬前将顶枝剪去,促使侧枝生长。幼树期每年早春将树基部丛生的枝条剪去,促使主干生长。自然开心型和主干分层型两种树型是适合山茱萸丰产的树型。修剪时要注意对树冠的整修和下层侧枝疏剪,采用短截、回缩和疏枝等方法,去掉过密枝、交叉枝、病虫枝、干枯枝等,使树冠枝条分布均匀,以利于通风透光、花芽分化和开花结果。

5.培土壅根 幼树每年应培土1~2次,成年树可2~3年培土一次,如发现根部露出地表,应及时用土壅根。

6.保花保果 花期进行人工辅助授粉可提高山茱萸的坐果率。授粉时间一般在雌花刚开时。用去胶的毛笔或扎有棉球的竹签蘸取花粉抹在雌花上。大面积授粉时,可用一个橡皮球连接一根胶管,胶管一端再装一个滴管,将花粉贮藏在胶管里,手捏橡皮球,花粉通过滴管喷到雌花上。也可以在5 kg水中加入0.3%蔗糖、0.3%硼砂,再加入3 g花粉,制成花粉悬浊液,向树冠花上喷洒。

此外,盛花期上午8~10点喷0.2%~0.3%硼砂溶液,可以提高花粉生活力和坐果率。也可在喷硼砂溶液时加入0.3%~0.4%尿素,效果良好。

(四)病虫害防治

1.山茱萸炭疽病 又称黑果病,幼果发病时,病菌多从果顶侵入,病斑向下扩展,病部黑色,边缘红褐色,病斑逐渐扩展,果实变黑干缩且多不脱落。成果发病时,最初为棕红色小点,后扩大成圆形或椭圆形黑色凹陷斑,病斑边缘红褐色,外围有红色晕圈。在潮湿条件下,病部产生小黑点和橘红色孢子团,使全果变黑,干枯脱落。

防治方法:①剪除病果病枝,挖坑深埋,减少越冬菌源。②加强田间管理,修剪枝条,合理浇水、施肥,增强抗病能力。③发病初期,及时喷施 25%施保克乳油 1000 倍液或 50%施保功可湿性粉剂 1000~2000 倍液进行防治。④在该病侵染期喷洒 1∶2∶200 倍波尔多液与 50%退菌特可湿性粉剂 500 倍液或 40%多菌灵胶悬剂 800 倍液,连续喷 3~6 次,每次间隔 10~15 天。

2. 灰色膏药病　多发生在成年树上,病菌孢子常附着在介壳虫的分泌物上发芽,菌丝侵染树枝的皮层,并在表面形成不规则的厚膜,初为白色,后转变为黑褐色,状似膏药,故又称山茱萸膏药病。发病后树势衰弱,严重时致使山茱萸树不能开花结实,甚至造成全株死亡。

防治方法:①清除有病枝条,运出地外集中烧毁。对于轻病树枝,可用刀刮去菌丝层,然后涂上 5 波美度石硫合剂或石灰乳。②消灭介壳虫,用石硫合剂喷杀。夏季喷 4 波美度石硫合剂,冬季喷 8 波美度石硫合剂。③发病初期喷 1∶1∶100 倍波尔多液,每隔 10~15 天喷一次,连续喷 2~3 次。

3. 山茱萸蛀果蛾　又名"食心虫""药枣虫",9~10 月幼虫蛀食果实,11 月开始入土越冬。

防治方法:①清除虫源及虫蛀果,以减少幼虫入土结茧。②结合中耕施 4%D-M 粉剂,或用 2.5%敌百虫粉与土按 1∶300 的比例配成药土,均匀撒布在地表并结合中耕翻入土中。③利用食醋加敌百虫粉制成毒饵,诱杀成蛾。④在 5 月中下旬,连续 2 次喷洒 20%杀可菌酯和 2.5%溴氢菊酯乳油 2500~5000 倍液,或喷洒 90%杀虫脒可湿性粉剂 1000 倍液、40%乐果乳油 1000 倍液进行防治。

五、采收与产地加工

(一)采收

秋末冬初,当山茱萸果实由黄变红、果肉变软时进行采收。一般来说,10~20 年的树平均株产 8 kg 左右,20 年以后进入盛果期,50 年以上的树平均株产 50 kg。

(二)产地加工

采收后,先进行净选,挑出树叶、树枝、果梗等杂物。当水温达 80 ℃时,将果实放入锅中,煮 5 min 左右(水量按 200 mL/100 g 果实下锅)。注意翻动,煮至能用手将种子挤出为度,迅速从锅里捞起果实,用凉水冲后将水沥干,用山茱萸脱粒机加工。此外,还可用文火烘或置沸水中略烫或蒸的方法进行软化处理。

随后将挤出的果肉在 60~65 ℃条件下进行烘干,这样加工的商品可保持商品原色、原质、原味,减少焦点、碎皮。烘干时要随时检查烘室温度,近半干时上下调换烘盘,用手翻动果肉,防止互相粘连成团。当果肉充分干燥后,筛去杂质和果核。

(三)商品规格

统货:干货。果肉呈不规则的片状或囊状。表面鲜红色、紫红色至暗红色,皱缩、有光泽。味酸涩。果核不超过 3%。无杂质、虫蛀、霉变。

第十节　吴茱萸的栽培技术

一、概述

吴茱萸为芸香科植物吴茱萸 *Evodia rutaecarpa* (Juss.) Benth.、石虎 *Evodia rutaecarpa* (Juss.) Benth. var. *officinalis* (Dode) Huang 或疏毛吴茱萸 *Evodia rutaecarpa* (Juss.) Benth. var. *bodinieri* (Dode) Huang 的干燥近成熟果实。吴茱萸有散寒止痛、降逆止呕、助阳止泻的功效,用于厥阴头痛、寒疝腹痛、寒湿脚气、经行腹痛、脘腹胀痛、呕吐吞酸、五更泄泻等症。《中国药典》记载,按干燥品计算,本品含吴茱萸碱($C_{19}H_{17}N_3O$)和吴茱萸次碱($C_{18}H_{13}N_3O$)的总量不得少于0.15%,柠檬苦素($C_{26}H_{30}O_8$)不得少于 0.20%。吴茱萸主产于贵州、广西、云南、四川、湖北、湖南、广西、陕西和浙江等地,其他地区也有栽培。

二、形态特征

吴茱萸为灌木或小乔木,高2～8 m。幼枝、叶轴、叶柄及花序均被黄褐色长柔毛。单数羽状复叶对生;小叶椭圆形或卵状椭圆形,长 5～14 cm,宽 2～6 cm,上面疏生毛,下面密被白色长柔毛,有透明腺点。花单性异株,密集成顶生的圆锥花序。蓇葖果扁球形,有粗大腺点,每果含种子 1 粒,种子卵状球形,黑色,有光泽。花期5～8月,果期6～10月。

三、生长习性

吴茱萸喜温暖湿润的环境,严寒多风和过于干旱的地区不宜栽培。土壤以土层深厚、肥沃、排水良好的沙质壤土为好。

四、栽培技术

(一)选地整地

吴茱萸对土壤要求不严,一般海拔 1000 m 以下的山坡沟边、温暖湿润的山地、疏林下或林缘空旷地、低山及丘陵、平原、房前屋后、路旁均可种植。但做苗床时以土层深厚、肥沃、排水良好的壤土或沙壤土为佳,低洼积水地不宜种植。结合深耕每亩施农家肥2000~3000 kg作基肥,深翻后曝晒几天,碎土耙平。

(二)繁殖方法

吴茱萸的繁殖采用无性繁殖方法,分为根插繁殖、枝插繁殖和分蘖繁殖。

1.根插繁殖 选4~6年生、根系发达、生长旺盛且粗壮优良的单株作母株。于2月上旬挖开母株根际周围的泥土,截取筷子粗的侧根,不宜过多截取,否则影响母株生长。切成15 cm长的小段,在备好的畦面上按行距15 cm开沟,株距10 cm,将根斜插入沟中,上端稍露出土面,覆土稍加压实,浇少量清粪水后盖草保温。此后要勤浇水维持湿度,以利于发芽。要注意雨天排水,防止积水烂根。1~2个月即长出新芽,此时去除盖草,并浇清粪水一次。第二年春季或冬季即可移栽定植。

2.枝插繁殖 于2月间在吴茱萸抽芽前,选择1~2年生、健壮、无病虫害的枝条,截取中段,剪成15~20 cm长的插条,插条须保留2~3个芽眼,上端截平,下端近节处切成斜面。将插条按行株距10 cm×20 cm斜插到苗床中,入土深度以插条长的2/3为宜。切忌倒插。覆土压实,浇水遮阴,也可施少量的稀薄人粪尿。一般经1~2个月即可生根,第二年就可移栽。

3.分蘖繁殖 吴茱萸容易分蘖,可于每年冬季距母株50 cm处刨出侧根,每隔10 cm割伤皮层,覆土、施肥、盖草。翌年春季便会抽出许多的根蘖幼苗,除去盖草,待苗高30 cm左右时,与母株分离并移栽。

4.移栽 选择冬、春两季移栽,冬季以12月左右移栽为好。春季3~4月按行株距3 m×2 m挖穴,穴径50~60 cm,穴深视根的长短而定。先施入腐熟的厩肥或河泥10 kg作为基肥,栽苗覆土压紧后浇水。初栽苗小,可以与花生、豆类及红薯等间套作。

(三)田间管理

1.中耕除草 定植成活后及时松土、除草,中耕不宜过深,以免伤根。

2.施肥 育苗期及苗期以浇稀薄人畜粪水为宜。开花结果树应注意开春前多施磷、钾肥,开花前施人畜粪尿等肥料,开花后追施一次复合肥,以利于果实饱满和提高坐果率。冬季落叶后,在株旁开沟施冬肥一次,以堆肥和厩肥为主,施肥后覆土盖严,以防冻害。

3.灌水与排水 吴茱萸苗期要保持土壤湿润,移栽后加强管理,干旱时应及时浇水。多雨季节注意排涝。

4.修整枝条 为了保持一定的树型,利于通风透光,提高结果量,减少病虫害以及获得更多繁殖枝条,于冬季落叶后进行修枝最为适宜。整枝时,当株高1~

1.5 m 时,于秋末在离地面高 80~100 cm 处剪去主干顶部,促使多分枝,使侧枝向四周生长。老树修枝以里疏外密为宜,除去过密枝、交叉枝、下垂枝、病虫枝与枯枝等。

(四)病虫害防治

1.煤污病　煤污病又称煤病,5~6 月多发,为害叶部及枝干。该病与蚜虫、介壳虫为害有关,可诱发不规则的黑褐色煤状斑。后期叶片和枝干上像覆盖了厚厚的煤层,病树开花结果严重减少。

防治方法:①杀灭传播源,在蚜虫和介壳虫发生期,用 40%乐果乳油 2000 倍液或 25%亚胺硫磷 800~1000 倍液喷施,每隔 7 天喷一次,连续喷 2~3 次。②发病期用 1:0.5:150 倍波尔多液喷施,10~14 天喷一次,连续喷 2~3 次。

2.锈病　5 月始发,6~7 月危害严重。该病主要为害吴茱萸的叶子,发病初期在叶片上形成近圆形、不太明显的黄绿色小点,后发展成铁锈色的病斑,严重者叶片枯死。

防治方法:发病时用 2~3 波美度石硫合剂或 25%粉锈宁 1000 倍液喷洒,也可喷施 65%代森锌可湿性粉剂 500 倍液,7~10 天喷一次。

3.褐天牛　褐天牛又名“蛀杆虫”,5 月始发,7~10 月危害严重。以幼虫蛀食树干,严重者导致茎干中空死亡,在离地面 30 cm 以下主干上出现胶质分泌物、木屑和虫粪。

防治方法:①5~7 月成虫盛发时进行人工捕杀。②用小刀刮去树上的卵块及初孵虫,并进行杀灭处理。③利用褐天牛的天敌天牛肿腿蜂进行防治。④用药棉浸 80%敌敌畏原液塞入蛀孔内或用 800 倍液灌注,封住洞口,杀死幼虫。

4.柑橘凤蝶　3 月始发,5~7 月危害严重。以幼虫咬食幼芽嫩叶或嫩枝,造成缺刻或孔洞,严重影响植株生长。

防治方法:在幼虫期喷以 90%敌百虫 1000 倍溶液,每隔 5~7 天喷一次,连续喷 2~3 次。

此外,还有蚜虫、小地老虎和黄地老虎等为害植株。蚜虫主要为害嫩枝叶,可用 40%乐果乳剂 2000 倍液喷杀;小地老虎和黄地老虎幼虫主要为害幼苗,危害盛期用炒香的麦麸或莱籽饼 5 kg 与 90%晶体敌百虫 100 g 制成毒饵进行诱杀。

五、采收与产地加工

(一)采收

吴茱萸移栽 2~3 年后就可以开花结果。采收时间因品种而异,一般 7~9 月当果实由绿色转为橙黄色且果实尚未开裂时就可采收,剪下果枝。以早上有露水时采摘为好,可减少果实脱落。吴茱萸一般结果 20~30 年。三年生吴茱萸可收干果 1～1.5 kg，6～7 年生可收干果 3.5～5 kg。

（二）产地加工

晒干或低温干燥，搓去果柄，去除杂质。

（三）商品规格

吴茱萸分大粒和小粒两种。大粒者系吴茱萸的果实，小粒者多为石虎和疏毛吴茱萸的果实。

1. 大粒规格标准

统货：干货。果实呈五棱扁球形，表面黑褐色、粗糙，有瘤状突起或凹陷的油点。顶点具五瓣，多裂口，气芳香浓郁，味辛辣。无枝梗、杂质、霉变。

2. 小粒规格标准

统货：干货。果实呈圆球形，裂瓣不明显，多闭口，饱满。表面绿色或灰绿色。香气较淡，味辛辣。无枝梗、杂质、霉变。

第十一节　牛蒡子的栽培技术

一、概述

牛蒡子为菊科植物牛蒡 *Arctium lappa* L. 的干燥成熟果实，又名"大力子""象耳朵""老母猪耳朵""老鼠愁""鼠见愁"等，其根及茎叶亦可供药用。牛蒡子有疏散风热、宣肺透疹、消肿解毒的功效，主治风热咳嗽、咽喉肿痛、斑疹不透、风疹作痒、痈肿疮毒等。《中国药典》记载，按干燥品计算，本品含牛蒡苷（$C_{27}H_{34}O_{11}$）不得少于 5.0%。全国各地均可栽培。

二、形态特征

牛蒡为二年生草本植物，具粗大的肉质直根，长 15～60 cm。茎直立，高达 2 米，粗壮，基部直径达 2 cm，通常带紫红色或淡紫红色，有多数条棱。基生叶丛生，大型，长 20～50 cm，宽 15～40 cm，中部以上叶互生，具柄；茎生叶与基生叶同形或近同形，花序下部的叶较小，基部平截或浅心形。头状花序在茎枝顶端排成疏松的伞房花序或圆锥状伞房花序，花序梗粗壮。总苞片多层，多数，外层三角状或披针状钻形，全部苞近等长，顶端有软骨质钩刺。花冠紫红色。花期 6～8 月，果期 8～10 月。

三、生长习性

牛蒡为深根性植物，应在深厚、肥沃的土壤中栽培。适应性强，耐寒、耐旱，较耐盐碱，生长期需水较多。除在大田种植外，也可在房前屋后、沟边、山坡等地栽培。牛蒡喜温暖、湿润、向阳环境,低山区和海拔较低的丘陵地带最适宜生长。种子发芽适温为 20～25 ℃,发芽率为 70%～90%,种子寿命为 2 年。播种当年只形成叶簇,第二年才开花结果。

四、栽培技术

(一)选地整地

牛蒡对土壤要求不太严格,但栽培时宜选择土层深厚、疏松、排水良好的地块。深翻 30～40 cm,耙细、整平,每亩施农家肥 3000～4000 kg,做成 1～1.5 m 宽的畦。

(二)繁殖方法

种子繁殖采用直播方法,春、夏、秋季均可播种。东北地区适合春播,在 4 月中下旬播种,条播时在垄上开沟,将种子点入沟内;穴播时穴距为 30 cm,每穴播种子 6～7 粒,覆土 3～4 cm。秋播在 8～9 月,在整好的畦上按行距 50～80 cm 开浅沟进行条播;或按 80 cm 株距穴播,每穴点入种子 5～6 粒。播种前,将种子放入 30～40 ℃的温水中浸泡 24 h,以利于出苗。播后覆土 3～4 cm 厚,稍加镇压后浇水,约 15 天可出苗,每亩用种量为 1 kg。也可采用育苗移栽的方法,于 3 月上旬在苗床上播种,5 月上旬或秋季进行移栽。

(三)田间管理

幼苗期或第二年春季返青后进行松土,前期要特别注意除草,后期叶子较大时停止中耕。当苗长出 4～5 片真叶时,按株距 20 cm 间苗,间下的苗可带土移栽;当苗具 6 片叶时,按株距 40 cm 定苗,穴播者每穴留 1～2 株。第二年茎生叶铺开时,不再进行除草,但要追肥 2～3 次,每亩施人粪尿 2000～3000 kg。植株开始抽茎后,每亩追施磷酸二铵 15 kg 或过磷酸钙 20 kg,促使分枝增多和籽粒饱满,施后浇水。雨季注意排水。

(四)病虫害防治

1. 叶斑病 多发于 6 月,发病初期喷洒 50% 多菌灵 1000 倍液。

2. 白粉病 发病初期喷 50% 甲基托布津 1000 倍液。

3. 蚜虫 严重时可造成绝产,用 40% 乐果乳剂 800 倍液喷雾防治。

4. 连纹夜蛾 幼虫咬食叶片,幼龄期用 90% 敌百虫 800 倍液喷雾防治。

五、采收与产地加工

直播或移栽的第二年秋季可采收。牛蒡子的开花期不一致,应成熟一批采收一批,过于成熟的种子自然脱落。收获时要防止果实刺毛扎手,要戴眼镜、穿厚衣服。采回果实后,在晒场曝晒,待充分干燥后,用木棒反复打击,脱出果实,然后扬净杂质,晒干即为牛蒡子。每亩产牛蒡子 $100 \sim 150$ kg。

第十二节　王不留行的栽培技术

一、概述

王不留行为石竹科植物麦蓝菜 *Vaccaria segetalis*(Neck.)Garcke 的干燥成熟种子,又名"奶米""麦蓝草"等。王不留行能行血通经、催生下乳、消肿敛疮,主治妇女经闭、乳汁不通、难产、血淋、痈肿、金疮出血等。《中国药典》记载,按干燥品计算,本品含王不留行黄酮苷($C_{32}H_{38}O_{19}$)不得少于 0.40%。麦蓝菜多野生于荒地、路旁,耐干旱、瘠薄,也可与小麦一起生长,适应性极强。

二、形态特征

麦蓝菜植株高 $30 \sim 70$ cm,全体平滑无毛,稍被白粉。茎直立,上部呈叉状分枝,节略膨大。单叶对生,无柄;叶片卵状椭圆形至卵状披针形,先端渐尖,基部圆形或近心形,稍联合抱茎,全缘,两面均呈粉绿色,主脉在下面突起,侧脉不明显。疏生聚伞花序顶生,花萼圆筒状,有 5 条绿色宽脉,先端 5 齿裂;花瓣 5 枚,淡色,倒卵形;雄蕊 10 枚,花药丁字形着生。蒴果包于宿萼内,成熟后呈 4 齿状开裂。种子多数,黑紫色,球形,有明显粒状突起。生于田野、路旁、荒地等,以麦田中最多。

三、生长习性

王不留行喜温暖气候,对土壤要求不严格,忌水浸。若种植在低洼积水地区,雨季根部容易腐烂,地上部逐渐变黄死亡,严重时甚至颗粒无收。在过于干旱的地区,植株生长矮小,产量很低。

四、栽培技术

(一)选种待播

挑选种子时应选择籽粒饱满、有光泽、黑色、成熟的种子作种,晒干贮藏。播种时间应定在大秋作物起茬后的 9 月中下旬至 10 月上旬,也可春种夏收。

(二)选地整地

宜选疏松肥沃、排水良好的夹沙土种植。选地后,结合整地每亩施入腐熟厩肥或堆肥 2500 kg 作基肥,然后充分整细整平,开 1.3 m 宽的高畦,四周开好排水沟待播。

（三）繁殖方法

王不留行以种子繁殖为主，可点播或条播。点播时，在整好的畦面上按行株距 25 cm×20 cm 挖穴，穴深 3～5 cm。然后按每亩用种量 1 kg，将种子与草土灰、人畜粪水混合拌匀，制成种子灰，每穴均匀地撒入一小撮，播后覆盖细肥土，厚 1～2 cm。条播时按行距 25～30 cm 开浅沟，沟深 3 cm 左右。然后将种子灰均匀地撒入沟内，播后覆细土 1.5～2 cm 厚。每亩用种量为 1.5 kg 左右。

（四）田间管理

1. 中耕除草　当苗高 7～10 cm 时，进行第一次中耕除草，宜浅松土，避免伤根，杂草用手拔除。结合中耕除草进行间苗和补苗，每穴留壮苗 4～5 株；条播的按株距 15 cm 间苗。如有缺株，用间下来的壮苗进行补苗。第二年春季 2～3 月，结合定苗进行第二次中耕除草，条播的按株距 25 cm 定苗。以后看杂草滋生情况，再进行一次中耕除草，保持土壤疏松和田间无杂草。

2. 追肥　一般追肥 2～3 次。第一次在苗高 7～10 cm 时，中耕除草后每亩施入稀薄人畜粪水 1500 kg 或尿素 5 kg。第二年春季进行中耕除草后，每亩施入较浓的人畜粪水 2000 kg、过磷酸钙 20 kg，或用 0.2％磷酸二氢钾根外追肥 1～2 次，以利于增产。

（五）病虫害防治

1. 叶斑病　主要为害叶片，病叶上形成枯死斑点，发病后期在潮湿的条件下长出灰色霉状物。

防治方法：①增施磷、钾肥，或在叶面喷施 0.2％磷酸二氢钾溶液，增强植株抗病力。②发病初期，喷 65％代森锌 500～600 倍液、50％多菌灵 800～1000 倍液或 1：1：100 倍波尔多液，每 7～10 天喷一次，连续喷 2～3 次。

2. 食心虫　以幼虫为害果实。

防治方法：用 90％敌百虫 1000 倍液或 80％敌敌畏 1000 倍液喷杀。

五、采收与产地加工

王不留行于秋播后的第二年 4～5 月采收。一般当王不留行籽多数变黄褐色、少数变黑色时，将地上部分齐地面割下。若采收过迟，则种子容易脱落，难以收集。割回后，置通风干燥处后熟 5～7 天。待种子全部变黑时，晒干、脱粒、扬去杂质，再晒至全干即成商品。若与小麦混种，可与小麦同收。

第十三节 决明子的栽培技术

一、概述

决明子为豆科植物决明 *Cassia obtusifolia* L. 或小决明 *Cassia tora* L. 的干燥成熟种子,又名"草决明""马蹄决明",具有清肝明目、润肠通便、降脂瘦身的功效。《中国药典》记载,按干燥品计算,本品含大黄酚($C_{15}H_{10}O_4$)不得少于0.12%,含橙黄决明素($C_{17}H_{14}O_7$)不得少于0.08%。决明子多为栽培种,全国各地均产,南方多产于皖、浙、粤、桂、川等地,北方主产于冀、鲁、豫等地。

二、形态特征

决明为一年生半灌木状草本植物,高1~2 m。羽状复叶有小叶6片,叶柄无腺体,在叶轴2小叶之间有1腺体;小叶倒卵形至倒卵状长圆形,长1.5~6.5 cm,宽0.8~3 cm,幼时两面疏生长柔毛。花通常2朵聚生,腋生,总花梗极短;萼片5枚,分离;花冠黄色,花瓣倒卵形,长约1.2 cm,最下面的2瓣稍长;发育雄蕊7枚。荚果线形,长达15 cm,直径3~4 mm;种子多数,近菱形,淡褐色,有光泽。花期7~9月,果期10月。

同属植物小决明子在全国各地也均有产,呈短圆柱形,较小,长3~5 mm,直径2~3 mm,表面黄绿色,棱线两侧各有一片宽广的棕色带环,气微,味微苦,亦可入药。

三、生长习性

决明子喜温暖,耐旱不耐寒,怕冻害,幼苗及成株易受霜冻脱叶致死,种子不能成熟。决明子对土地要求不严,闲散地亦可种植,但以排水良好、土层深厚、疏松肥沃的沙质壤土为佳。

四、栽培技术

(一)选种

播种前,应测试籽种发芽率。具体方法为:将籽粒饱满的籽种分成若干份,依次编号,在各份中分别取出125~250 g放入相对应编号的器皿中,用50 ℃左右温水浸泡24 h后,将水倒掉,再用清水冲一遍,然后用湿布覆盖保持湿度,3天后便可陆续出芽。选出芽率在85%以上者作为籽种。

（二）选地整地

在选好的地块中,每亩施圈肥 2000~2500 kg、过磷酸钙 25 kg,均匀撒在地面上,耕翻、耙细、整平。一般不做畦,如做畦,可做成 1.2~1.5 m 宽的平畦。

（三）繁殖方法

决明子的繁殖采用种子繁殖的方式。将经过测试选出的优种用 50 ℃温水浸泡 24 h,待其吸入水分膨胀后,捞出晾干表面,即可播种。播种期以清明至谷雨期间(4 月中旬)、气温在 15~20 ℃时为宜。播种过早,地温低,种子易在土中腐烂;播种过晚,种子不能成熟,影响产量和质量。播种以条播为宜,行距 50~70 cm,开5~6 cm 深的沟,将种子均匀撒在沟内,覆土 3 cm 厚,稍加镇压,播后 10 天左右出苗。北方天旱,要先灌水后播种,不要播后浇水,以免表土板结影响出苗。

（四）田间管理

1.松土锄草 当苗高 3~6 cm 时进行间苗,把弱苗或过密的幼苗拔除;当苗高10~13 cm 时进行定苗,株距 30 cm 左右。在间苗和定苗的同时进行松土锄草,保持土壤疏松。决明子比较耐旱,土壤保持在一般湿度均可正常生长。天旱时,适当浇水,但在定苗期间应少浇水。至白露(9 月上旬)时,果实趋于成熟,可停止浇水。

2.追肥 在苗高 35 cm 左右、植株封垄前,每亩施过磷酸钙 20 kg、硫酸铵10~15 kg,混施于行间,然后中耕培土,把肥料埋在土中,可防止植株倒伏。

（五）病虫害防治

决明子的病害以灰斑病为多见,其病原体是真菌中的一种半知菌,主要为害叶片。开始时叶片中央出现稍淡的褐色病斑,继而在病斑上产生灰色霉状物。发病前或发病初期喷 65％代森锌 500 倍液或 50％退菌特 800~1000 倍液除治。

虫害多发生在春末夏初,以蚜虫为主,用乐果乳剂配成 200 倍溶液喷治。

五、采收与产地加工

决明子到秋分(9 月下旬)时逐渐成熟,待荚果变成黄褐色时开始收获,将全株割下晒干,打出种子,去净杂质,即成药材。决明子应储存在通风、干燥、阴凉处,注意防潮和防鼠害。

第十四节 宣木瓜的栽培技术

一、概述

宣木瓜为蔷薇科植物贴梗海棠 *Chaenomeles speciosa*（Sweet）Nakai 的干燥

成熟果实,又名"贴梗海棠""铁脚梨""木瓜实""皱皮木瓜"等。宣木瓜有舒筋活络、平肝和胃、敛肺、祛湿热的功效,主治风湿性关节炎、腰膝酸痛、肢体麻木、腓肠肌痉挛、中暑吐泻、脚气肿痛等症。宣木瓜主产于安徽、四川、湖北、浙江、湖南、河南、江西、福建等地,以安徽宣城所产品质最佳。

二、形态特征

贴梗海棠为落叶灌木,高 2～3 m。枝条密生,直立展开,有刺;小枝圆柱形,紫褐色或棕褐色,有疏生浅褐色皮孔。单叶互生,叶片卵圆形或椭圆形。先端锐尖、基部楔形,边缘有锐锯齿,无毛,托叶大、革质,肾形或半圆形。花先叶开放,3～5朵簇生于二年生老枝上;花梗短粗,长约 0.3 cm 或近于无柄;萼筒钟状,花瓣倒卵形或近圆形,基部延伸成短爪,猩红色、淡红色或白色;雄蕊长约花瓣的一半;花柱约与雄蕊等长。果实椭圆形或卵圆形,黄色或黄绿色,有稀疏不明显的斑点;果梗短或近于无梗。种子多数,卵形,褐色。

三、生长习性

宣木瓜喜温暖湿润、阳光充足、雨量充分的环境。对土壤要求不严,但以土层深厚、疏松肥沃、富含有机质的沙壤土为好。适应性较强,耐寒、耐旱,荒山野岭、田边地头和房前屋后均可种植。

四、栽培技术

(一)选地整地

选择地势高、排水好的田块,精耕细作,结合整地施足基肥。每亩施土杂肥3000 kg、尿素 20 kg、磷钾肥 50 kg,然后做成高畦,待播种。

(二)繁殖方法

宣木瓜的繁殖以扦插繁殖为主,也可采用分蘖繁殖和压条繁殖。播种期在春、夏、秋、冬四季均可。

1.扦插繁殖　选择一年生、生长健壮、无病虫害的枝条,截成 20 cm 长的插穗,每根带芽眼 3 个。下端削成马耳形,放入 500 mg/L ABT 生根粉溶液中浸泡一下,稍晾,即可按行株距 15 cm×10 cm 插入整好的畦面上。采用塑料薄膜小弓棚培育更好。培育 1 年后即可移栽。

2.分蘖繁殖　宣木瓜的分蘖力极强,常发生许多根蘖苗,可于春季连根挖出根蘖苗另行定植。

3.压条繁殖　于每年春、秋两季将近地面的枝条压入土中,并将入土部分刻伤,待生根发芽后,截离母株,另行定植。

4.移栽　常于冬、春两季移栽。将宣木瓜苗按行株距 2 m×2 m 定植在整好的畦面上，浇水保墒，以利于成活。

（三）田间管理

宣木瓜成活齐苗后，应注意中耕除草。干旱天气应经常浇水，阴雨天气及时排水。定植后前几年，可适当间作一些矮秆作物，以便以短养长，并修剪成自然开心形的植株。每年冬季追肥一次，每亩追施土杂肥 3000 kg、复合肥 50 kg。

（四）病虫害防治

叶枯病发病初期用多菌灵防治；锈病发病初期用粉锈宁防治。天牛用蘸有辛硫磷的药棉塞入蛀孔杀灭。

五、采收与产地加工

小暑后宣木瓜果皮呈青黄色时即可采摘。将采摘的瓜果切成两半，晒干或烘干即可。

第十五节　瓜蒌的栽培技术

一、概述

瓜蒌为葫芦科植物栝楼 *Trichosanthes kirilowii* Maxim. 或双边栝楼 *T. rosthornii* Harms 的干燥成熟果实，又名"药瓜""大圆瓜"等，具清热散结、润肺化痰、润燥滑肠之功效。瓜蒌的种子入药称瓜蒌子，根入药称天花粉，果皮入药称瓜蒌皮。瓜蒌主产于安徽、河南、山东、河北等地。

二、形态特征

栝楼为多年生攀缘藤本植物，块根肉质肥大，圆柱形，稍扭曲，外皮浅灰黄色，断面白色。茎多分枝，卷须细长，2～3 歧；单叶互生，具长柄，叶形多变，通常为心形，掌状 3～5 浅至深裂。雌雄异株，雄花 3～5 朵，成总状花序，萼片线形；花冠白色，裂片倒三角形，先端有流苏，雄蕊 3 枚。雌花单生于叶腋，花柱 3 裂，子房卵形。瓠果近球形，成熟时橙黄色。种子扁平，卵状椭圆形，浅棕色。花期 7～8 月，果期 9～10 月。

三、生长习性

栝楼喜温暖、湿润环境，不耐干旱，较耐寒，适合在海拔 350～800 m 的朝南阳坡种植。栝楼为深根植物，根可深入土中 1～2 m，栽培时应选土层深厚、疏松肥沃的沙质壤土,易积水的低洼地不宜种植。

四、栽培技术

(一)选地整地

瓜蒌根可深入地下 1～2 m,需深翻地。常在封冻之前每隔 1.7 m 挖一条深 0.5 m、宽 30 cm 的沟,使土壤经过一个冬天充分风化疏松并消灭病虫害。第二年清明前,每亩用土杂肥 5000 kg 与土拌匀,将沟填平。然后顺沟放水灌透,过 2～3 天再将沟整平,锄一遍,使土质疏松,待干湿适宜即可种植。

(二)繁殖方法

1.种子繁殖　选择橙黄色、健壮充实、柄短的成熟果实,从果蒂处剖成两半,取出内瓤,漂洗出种子,晾干收储。翌春 3～4 月,选饱满、无病虫害的种子,用 40～50 ℃温水浸泡 4 h,取出稍晾,用 3 倍质量的湿沙混匀后置 20～30 ℃下催芽。当大部分种子裂口时,即可按 1.5～2 m 的穴距穴播,穴深 5～6 cm,每穴播种子 5～6 粒,覆土 3～4 cm,并浇水,保持土壤湿润,15～20 天即可出苗。待幼苗出土后,加强管理,第二年春季即可移栽。移栽繁殖适宜于收块根,加工入药者称天花粉。

2.分根繁殖　北方地区在清明前后,南方地区在 10 月下旬将块根挖出。选无病虫害、直径 4～7 cm、折断面白色新鲜者,用手折成 5 cm 左右长的小段作种根。选择雌株的块根时,适当搭配一定数量的雄株,以利于授粉结果,折断的块根稍微晾晒,使伤口愈合,才能作种栽。从清明到立夏都可以栽植。栽种时,在整好的沟面上每隔 60 cm 挖 9 cm 左右深的穴,将种根平放在穴里,上面盖土 3～6 cm,用脚踩实,再培土 6～9 cm,堆成小土堆,以防人畜践踏和保墒。一般 1 个月左右即可出苗。

(三)田间管理

1.中耕除草　每年春、冬季各进行一次中耕除草。生长期间视杂草滋生情况及时除草。

2.松土　栽后半个月左右,扒开土堆查看,如种根已萌芽,土壤又不干燥,可将土堆扒平,以利于幼苗出土。出苗前如降大雨,待雨后地皮稍干时轻轻松土,不可过深,防止伤及幼芽。

3.排水与灌水　栽后如土质干旱,可在离种根 9～12 cm 的一边开沟浇水,不可浇蒙头水。每次施肥后,在距植株 30 cm 远处做畦埂,放水浇灌。整个生长期干旱时要适当浇水,使土壤经常保持湿润。雨后要注意及时排涝,防止地里积水。

4.搭架　当茎长 30 cm 左右时,去掉多余茎蔓,每棵只留粗壮蔓 2～3 根,一般是 2～3 行之间搭一架。搭架时可用长 1.5 m 的柱子,每隔 2～2.4 m 埋一根,共埋 3 行,即形成一行瓜蒌一行柱子。两边的柱子应埋在瓜蒌行的里侧,要和植株错开;中间一行埋在瓜蒌行间,离植株 45～60 cm。搭成高 1.5 m、宽 2.4～2.7 m 的架子,长短按畦长而定。埋好柱子后,用 14 号铁丝顺着每行柱子各拉一趟,铁丝缠在每根柱子上面,然后横着拉铁丝。架子两头各横着拉一道铁丝,中间每隔 3～4 根柱子横拉一道。在架子的四角和中间用铁丝扯到地面上,缚在斜嵌入地面的石柱或木柱上,保持架子的牢固性。拉铁丝后,在架子平顶上横排两行高粱秸,行距为 6 cm,将高粱稍向里,根部朝外,与架子平齐,中间交叉重叠起来,再用绳子把高粱秸绑在铁丝上。

5.引苗上架　当茎长 30 cm 左右时,在每棵瓜蒌旁插一根高粱秸,用绳捆在一起,上端捆绑在架子上,以便引导茎蔓攀缘上架。秧苗不可捆得太紧,以免架子被风吹动,损伤茎蔓。每棵选 2～3 根健壮的茎向中间伸长。架顶上过多的分枝和腋芽也要及时摘去,减少养分消耗,有利于通风透光。

6.追肥　栽后第一年,如底肥不足,可在 6 月追施一次肥。从第二年起,每年要追肥 2 次,第一次在苗高约 34 cm 时,第二次在 6 月开花之间。肥料均以有机肥为主,每亩用腐热的大粪 500～1000 kg 或豆饼 50 kg 加尿素 10～15 kg、过磷酸钙 15 kg。瓜蒌喜大肥,土杂肥数量不限,也可追施其他各种有机肥。在植株四周开沟施入,覆土盖平,做畦后浇水。

7.人工授粉　在瓜蒌行间或架子旁边适当种些雄性瓜蒌(野瓜蒌多数为雄性)。在开花期间的早晨 8～9 点,用新毛笔或棉花蘸取雄花的花粉粒,然后与雌花柱头接触。一朵雄花可供 10～15 朵雌花授粉用。也可以将花粉粒浸入水中,装入眼药水瓶内,滴几滴在柱头上,这样能提高坐果率。

8.越冬管理　摘完瓜蒌后,将离地约 30 cm 以上的茎割下来,把留下的茎段盘在地上。然后将株间土刨起,堆积在瓜蒌上,形成 30 cm 左右高的土堆,用于防冻。

(四)病虫害防治

1.根结线虫　寄生在瓜蒌块根处,使块根出现形状不一的肿瘤。

防治方法:可将 5% 克线磷颗粒剂撒在畦面,浅层翻入地下并浇水。春、夏季各撒一次,每亩使用量为 10 kg。也可在播种或移栽之前整地时每亩施 2.5% 三唑磷颗粒 10 kg,翻入地下 20 cm 深,早作防治。

2.黄守瓜和黑足黑守瓜成虫　取食瓜蒌幼苗或叶片。5～7 月期间卵孵化出幼虫后啃食块根。

防治方法:可用 90% 敌百虫 1000 倍液喷雾。

3.蚜虫　可用 40% 乐果乳剂 1000～1500 倍液或 12.5% 唑蚜威 1500～2000 倍液喷雾。

五、采收与产地加工

瓜蒌栽后 2~3 年开始结果。秋分至霜降期间,果实仍呈绿色时,种子已成熟,即可分批采摘。如来不及采摘,可将瓜蒌秧子从根部割断,使瓜蒌在架上悬挂一段时间,但悬挂时间不可过长。采摘过早,果实不成熟,糖分少,质量差;采摘过晚,则水分大,难干燥。

将果实从植株上割下来,带 30 cm 左右长的茎蔓,均匀地编成辫子。不要让两个果实靠在一起,以防刮风碰击后霉烂。操作时轻拿轻放,不能摇晃碰撞。编好瓜蒌辫子后,挂在通风避雨处阴干或挂在稍微见到太阳的地方,不可在烈日下曝晒,让其自然干燥。晒干的瓜蒌色泽暗深,晾干的瓜蒌色泽鲜红。如果采摘适时,晾干妥当,仁瓜蒌用两个多月即可干燥(即到第二年春季,果实内部水分蒸发殆尽,糖液黏稠,与种子粘成一团,果实干透)。糖瓜蒌水分多,需 3~4 个月才能晾干。冬季注意雨淋及防冻。干后即可供药用。瓜蒌产量随生长年限逐年增多。雄株栽种 3 年后就可取块根入药。果实采摘完后,挖根、洗净沙土,刮去外皮,量大的可用脱皮机脱皮,切块晒干作天花粉入药。

仁瓜蒌以完整无损、个大、皮厚柔韧、皱缩、橘红色或杏黄色、糖性足者为佳。糖瓜蒌以皮光滑、黄红色、去净蒂梗、无霉变、无虫蛀、完整不碎者为佳。一般每株结果 80~100 个。

第十六节 银杏的栽培技术

一、概述

银杏 *Ginkgo biloba* L. 为银杏科植物,别名"白果树""公孙树""飞蛾叶""鸭脚子"。其干燥成熟的种仁入药称白果,有润肺、定喘、涩精、止带的功效。银杏叶主治冠状动脉粥样硬化性心脏病、心绞痛、血清胆固醇过高症等。银杏为我国特有植物,主产于山东、江苏、安徽、浙江、辽宁、陕西、甘肃、四川、贵州、云南等地。

二、形态特征

银杏为落叶高大乔木,高达 40 m,全株无毛。干直立,树皮淡灰色,老时黄褐色,纵裂。雌雄异株,雌株的大枝开展,雄株的大枝向上伸;枝有长枝(淡黄褐色)和短枝(灰色)之分。叶具长柄,簇生于短枝顶端或螺旋状散生于长枝上,叶片扇形,上缘浅波状,有时中央浅裂或深裂,具多数 2 叉状并列的细脉。4~5 月间开花,花单性异株,稀同株;球花生于短枝叶腋或苞腋;雄球花为柔荑花序状,雌球花具长梗,梗端 2 叉(稀不分叉或 3～5 叉)。种子核果状,近球形或椭圆形;外种皮肉质,被白粉,熟时淡黄色或橙黄色,有臭气;中种皮骨质,白色,具 2～3 棱;内种皮膜质;胚乳丰富,子叶 2 枚。

三、生长习性

银杏喜温暖湿润气候和向阳、肥沃的沙质壤土,比较耐寒和耐旱。

四、栽培技术

(一)选地整地

银杏属于深根性植物,生长年限很长,人工栽植时,在地势、地形、土质、气候等方面都要为其创造良好的条件。选择地势高燥、日照时间长、阳光充足、土层深厚、排水良好、疏松肥沃的壤土、黄松土和沙质壤土。银杏在酸性和中性壤土中生长茂盛,长势好,可提前成林。银杏雌雄异株,授粉后才能结果。土地选好后先做畦,畦宽120 cm,高 25 cm,龟背形,畦面中间稍高,四边略低,周围开好排水沟,旱堵水沟涝排水,还要有水利配套设备。

(二)繁殖方法

银杏的繁殖方法有种子繁殖、分株繁殖、扦插繁殖和嫁接繁殖。

1.种子繁殖

(1)选择育苗地:选择地势平坦、背风向阳、土层深厚、土质疏松肥沃、有水源且排水良好的地方作育苗地。对育苗地进行全垦深翻,每亩施掺和过磷酸钙的圈肥或土杂肥 1000～1500 kg。

(2)催芽与播种:秋季可在采种后马上播种,不必催芽。如春季播种,则应进行催芽。在春分前取出沙藏的种子,放在塑料大棚或温室中,注意保湿,待到60%以上的种核露芽后即可播种。

银杏播种可采用条播、撒播和粒播,以条播效果为好。在苗圃地按行距20～39 cm 开沟,沟深 2～3 cm,播幅 5～8 cm。下种时种子应南北放置,方向一致,胚根向下,种子缝合线与地面垂直或平行,种尖横向,这样出苗率高,根系正常,幼苗生长粗壮。株距 8～10 cm。播种后盖上细土,并用塑料地膜覆盖,待幼苗出土后及时去掉地膜,可使苗出得早而整齐。

2.分株繁殖　2～3 月间,从壮龄雌株母树根蘖苗中分离 4～5 株高 100 cm 左右的健壮、多细根苗,移栽定植到林地。栽前要整地、施基肥,栽植入土深度要适当,不能过深和过浅。若移栽后不过分干旱,可以不浇水。

3.扦插繁殖　夏季从结果的树上选采当年生的短枝,剪成 7～10 cm 长一段,下切口削成马耳状斜面,基部浸水 2 h 后,扦插在蛭石沙床上,间歇喷雾水。30 天左右大部分插穗可以生根。

4.嫁接繁殖　以盛果期健壮枝条为接穗,用劈拦法接在实生苗上。

5.移栽　移栽时间分春、秋两季,春季每亩栽苗 35 株,挖穴栽植,穴深50 cm,再把穴底挖松 15 cm。将农家肥料、有机杂肥和磷肥混合在一起,充分腐熟,与土混合均匀,上面再覆土 10 cm,把苗放在穴内栽植,栽稳、踏实,轻轻提苗,使根疏展开。浇定根水,每亩要搭配好一定比例(5％)的雄株。每公顷施肥 300 kg。

(三)田间管理

1.中耕除草　刚移栽的银杏地可间套种中药草决明、紫苏、荆芥、防风、柴胡、桔梗或豆类、薯类及矮秆作物,并结合中耕除草进行追肥。树冠郁闭前,每年施肥 3 次。春施催芽肥,初夏施壮枝肥,冬施保苗肥,适当配合施氮、磷、钾肥。

在树冠下挖放射状穴或环状沟,把肥料施入,覆土、浇水。从开花时开始至结果期,每隔 1 个月进行一次根外追肥,追施 0.5％尿素和 0.3％磷酸二氢钾肥,制成水溶液,在阴天或晚上喷施在树枝和叶片上。如果喷后遇到雨天,需重新再喷。

2.人工授粉　银杏属于雌雄异株植物,授粉借助于风和昆虫来完成。为了提高银杏的挂果率和坐果率,要进行人工授粉。方法如下:采集雄花枝,挂在开花前的雌株上,借风和昆虫传播花粉,可大大提高结实率。

3.修剪整枝　为了使植株生长发育得快,每年剪去根部萌蘖和一些病株、枯枝、细枝、弱枝、重叠枝、伤残枝及直立性枝条。夏天摘心、掰芽,使养分集中在分枝上,促进植物的生长。

(四)病虫害防治

1.苗木茎腐病　夏季苗木茎基受伤时,病菌会趁机入侵。初始茎基变褐、皱缩,后发展到内皮腐烂,叶片失绿。

防治方法:①用厩肥或棉籽饼作基肥,并施足量。②搭棚遮阴,高温干旱时,通过灌水降低土温。③及时清除病菌。

2.樟蚕　樟蚕是银杏树的主要害虫。

防治方法:①冬季刮除树皮,除去虫卵。②6～7 月人工摘除虫蛹。③用敌百虫或马拉硫磷 1000 倍液喷杀刚孵化的幼虫。

五、采收与产地加工

(一)采收

1.采收时间　9 月下旬,银杏外种皮已由青绿色变为橙褐色或青褐色,用手捏之较松软,外种皮表面覆盖了一薄层白色的"果粉",少量成熟种子自然落果,中种皮已完全骨质化,此时为银杏的采收时期。

2.采收方法 孤立木、散生树、用材树、果材树兼用的银杏树,因树体高大,一般用竹竿震落,或用钩镰钩住侧枝摇落。用竹竿敲打银杏枝时,应尽量避免打落枝叶,以防影响树体发育。银杏矮化密植丰产园的树体低矮,一般可从树上直接采摘。

(二)产地加工

1.脱皮 将采收的银杏堆放在一起,厚度以不超过 30 cm 为宜,上覆湿草。堆沤 2～3 天,外种皮即会腐烂,这时可采用脚轻踏、木棒轻击、手搓等方法去除种皮。银杏外种皮含有醇、酚、酸等多种化学物质,可引起多数人的皮肤瘙痒,出现皮炎、水泡等过敏反应。因此,在脱皮操作过程中应尽量避免手、脚及皮肤直接接触银杏。

2.漂白 银杏外种皮除掉后,应立即放在漂白液中漂白和冲洗。未除净的外种皮会污染洁白的中种皮,使中种皮失去光泽,降低银杏的品质。

将 0.5 kg 漂白粉放在 5～7 kg 温水中溶化,滤去渣子后,再加 40～50 kg 清水稀释。1 kg 漂白粉可漂白 100 kg 除掉外种皮的银杏。漂白时间为 5～6 min。银杏捞出后,在溶液中再加入 0.5 kg 漂白粉,可再漂白 100 kg 银杏。如此连续 5～6 次后即需要另外配制漂白液。将银杏倒入溶液后,应立即搅动,直至骨质的中种皮变为白色时,即可捞出。然后用清水连续冲洗几次,至果面不留药迹药味为止。漂白用的容器以瓷缸、水泥槽等为宜,禁止用铁器。

3.阴干 漂洗后的银杏可直接摊放在室内或室外通风处阴干。在阴干过程中应勤翻动,以防中种皮发黄或霉污。

银杏叶于秋季尚绿时采收,及时干燥。

(三)商品规格

现行白果收购分级标准为:一级,每千克不多于 360 粒;二级,每千克在 360～440 粒之间;三级,每千克多于 440 粒。同时要求种实饱满,外壳白净,干燥适度,无僵果、风落果、斑点霉变、浮果和破碎。

(四)种子贮藏

1.沙藏法 选择阴凉的室内,在地面上铺一层 10 cm 厚的湿沙(以手捏不成团为宜),在湿沙上面摊放 10 cm 厚的白果,再铺上 5 cm 厚的湿沙,如此可铺多层,总高度以不超过 60 cm 为宜。贮藏期注意保持湿润。此法贮藏期为 3～5 个月。

2.水藏法 将白果浸入清水池或水缸中。贮藏期间注意经常换水。此法贮藏期为 4～5 个月。

第十一章　菌类中草药

第一节　灵芝的栽培技术

一、概述

灵芝为多孔菌科真菌红芝（赤芝）*Ganoderma lucidum*（Leyss. ex Fr.）Karst. 或紫芝 *G. sinense* Zhao, Xu et Zhang 的干燥子实体，又称灵芝草、神芝、芝草、仙草和瑞草。有研究证实，灵芝对于增强人体免疫力、调节血糖、控制血压、辅助肿瘤放化疗、保肝护肝、促进睡眠等方面均具有显著疗效。《中国药典》记载，按干燥品计算，本品含灵芝多糖以无水葡萄糖（$C_6H_{12}O_6$）计，不得少于0.9%。灵芝主产于广西、吉林、安徽、湖北等地，长白山、山东、大别山、武夷山为中国四大灵芝主产地。

二、形态特征

1. 赤芝　外形呈伞状，菌盖肾形、半圆形或近圆形，直径 10～18 cm，厚 1～2 cm。皮壳坚硬，黄褐色至红褐色，有光泽，具环状棱纹和辐射状皱纹，边缘薄而平截，常稍内卷。菌肉白色至淡棕色。菌柄圆柱形，侧生，少偏生，长 7～15 cm，直径 1～3.5 cm，红褐色至紫褐色，光亮。孢子细小，黄褐色。气微香，味苦涩。

2. 紫芝　皮壳紫黑色，有漆样光泽。菌肉锈褐色。菌柄长 17～23 cm。

3. 栽培品　子实体较粗壮、肥厚，直径 12～22 cm，厚 1.5～4 cm。皮壳外常被有大量粉尘样的黄褐色孢子。

在采集和收购野生灵芝时，要注意有一种假芝属的皱盖假芝，其外形与红芝很相似；假芝属中的黑漆假芝的外形与紫芝相似。它们常与红芝和紫芝混生在一起，肉眼难以区分，必须借助于高倍显微镜，在它们散发孢子的时期观察其孢子形状。卵形孢子的才是灵芝，球形或近似球形孢子的是假芝。

三、生长习性

1. 营养　根据多年的研究和生产实践，壳斗科树种和马桑树最适宜灵芝生长。在代料栽培中，上述树种木屑加上适量的麸皮和微量硫酸铵是灵芝栽培的最佳配方。

2. 温度　灵芝菌丝在 20～35 ℃ 能正常生长,最适宜的生长温度是 25～30 ℃;子实体的最适生长温度也是 25～30 ℃,低于 20 ℃ 子实体原基停止生长,高于 33 ℃ 子实体不能正常长菌盖。

3. 湿度　培养料湿度以 60%～65% 为宜,子实体生长阶段空气相对湿度以 90% 左右最好。

4. 空气　灵芝子实体生长发育对二氧化碳浓度敏感,若空气中的二氧化碳浓度超过 0.1%,灵芝子实体就不能发育菌伞。

5. 光照　光照是灵芝子实体生长发育中不可缺少的因素。光照不足时子实体生长缓慢、瘦小,发育不正常。灵芝子实体也经受不住阳光直射。灵芝子实体还有明显的向光性,在室内栽培时,子实体的菌盖都一致朝向来光的门窗方向。

6. 酸碱度　灵芝生长需要中性偏酸环境,若 pH 低于 5,则接种不易成活。菌丝也难以在碱性环境中生长。

7. 向地性　灵芝菌盖的下面即菌柄永远是向下的。在栽培中,正常情况下菌柄和菌盖成直角;若将菌瓶平倒放,菌柄和菌盖就长在一条直线上。根据灵芝生长的向光性和向地性,在栽培时,灵芝生长进入菌盖分化阶段后就不能随便移动,以免因方向改变而形成畸形子实体,甚至停止生长。

四、栽培技术

(一)场地选择

灵芝可在室内栽培,也可在室外栽培,一般代料栽培在室内,短木栽培在室外。由于灵芝栽培的最适温度为 25～30 ℃,所以要求选择春秋两季光照充足、夏季凉爽的场地。半地下室更符合灵芝对温度和湿度的要求,而室外栽培最好在林荫下,也可搭人工荫棚。

(二)季节安排

根据当地气候,短木可在 3～4 月接种;代料可在 4 月底至 5 月初接种,7 月底至 8 月初接种结束,10 月初采收结束。

(三)栽培方式

灵芝的栽培方式主要有短木栽培和代料栽培。

1. 短木栽培　可在 1～2 月砍树,3～4 月将树锯成一尺长的短木,然后将每一筒短木装入一个专用塑料袋内。塑料袋两头绑上,上甑灭菌。在 100 ℃ 条件下蒸 8～10 h,下甑冷却。冷却后将塑料袋两头打开,将菌种贴在短木头上,再绑紧袋口,放在温度适宜的培养室里培养菌丝。5 月菌丝已长进木质中,这时在室外场地挖厢,厢宽 80 cm,深 20 cm 左右(视短木粗细而定)。把发好菌的短木去掉菌袋,双排横卧摆入厢内,每节短木之间间隔 10 cm,然后盖土,厚度以超过菌筒上面半寸为宜。四周开好排水沟,若没有树荫,则盖好荫棚。7 月便有少量子实体出土,若遇晴天,视土表干湿情况喷水保湿。短木栽培头年产量不多,主要靠第二年,第二年 5 月即可长出子实体,产量最高,第三年也有相当数量可收。

2.代料栽培　有瓶栽和袋栽两种方式,下面主要介绍瓶栽。

(1)配料:按木屑 75%、麸皮 25%、硫酸铵 0.2%配料,将木屑和麸皮拌匀,把硫酸铵溶于水中,再拌入料内。湿度以手紧握配料,指缝有水不下滴为宜,随即装瓶。

(2)装瓶:选用 500~750 mL 广口瓶,洗净内外瓶壁,将料装入瓶内,压到瓶肩。用两层报纸加一层牛皮纸封瓶口,上甑灭菌。在 100 ℃条件下灭菌 8~10 h,下甑冷却。

(3)接种:料瓶冷却后,在无菌室内将封口打开,接入灵芝菌种,然后用原封口的报纸加一层消过毒的薄膜封口,放入培养室。

(4)培养:培养室的温度控制在 25~27 ℃,空气相对湿度控制在 70%以下。经 12 天的培养,菌丝长到培养料高度的 1/3 时去掉薄膜,继续培养,空气相对湿度可提高到 70%~80%。再培养 8 天左右,培养料表面开始出现原基,这时将瓶口报纸去掉,移到栽培室中培养子实体。

(5)栽培:培养室温度为 27 ℃,空气相对湿度控制在 90%,培养 10 天,子实体原基可出瓶口。从这个时期起,每遇晴天,可用喷雾器直接喷 1~2 次水,喷水量宜少,不能让瓶内积水。再过 25~30 天,子实体边缘由白转红,并开始散发孢子,这时要及时采收。

(四)病虫害防治

1.非侵染性病害　常见的的病因有营养不良(包括营养过剩),温度过高或过低,水分含量过高或偏低,光照过强或过弱,生长环境中有害气体(如二氧化碳、二氧化硫、硫化氢等)过量,农药、生长调节剂使用不当,pH 不适等。由这些原因造成的主要症状包括畸形芝,菌丝不生长或菌丝徒长,菌丝生长不良或萎缩。

非侵染性病害的防治措施:根据具体情况采取相应措施即可。需要综合防治时,要辩证分析引起病害的主要原因,从而确定主要防范措施。

2.侵染性病害　造成灵芝致病的一类生物称为病原物。由于病原物的侵染而造成灵芝生理代谢失调而发生的病害称为侵染性病害,习惯称之为杂菌污染。

(1)青霉菌:青霉菌是灵芝的主要致病菌,一般易在培养料表层、菌柄生长点、菌盖下的子实层及菌丝部分发生。青霉菌初发生时为白色,成熟后变为绿色,生长快、繁殖力强。在适宜的条件下,很快即可将灵芝生长点、生长圈布满,从而隔绝氧源,抑制灵芝生长。有时青霉菌还为害培养料内的菌丝,使其腐败而死。青霉菌侵染子实体时,灵芝被害组织出现侵蚀状病斑,大小不一,受害组织软化;发病严重时病斑扩大,并产生霉层,组织明显溃烂;如不及时采取措施,芝体可完全腐烂。

防治措施:①培养室使用前应打扫干净,每平方米用 40% 甲醛溶液 8 mL 加 5 g 高锰酸钾熏蒸一次。投料接种后,在地面撒一层石灰,与硫酸铜合用效果更好。②培养料辅料麦麸及米糠的比例不超过 10%。配制培养料时,调节 pH 至 8.5～9.5。用干料重 0.2% 的 50% 多菌灵溶液或 0.1% 甲基托布津溶液拌料,也可用 1% 石灰水和 1% 多菌灵溶液拌料(二者要分别拌料使用,如在一起使用,会降低多菌灵的药效)。③培养基灭菌操作要规范,接种时严格按要求无菌操作。防止用过量的甲醛消毒,以免产生酸性环境。④在菌丝管理期间防治青霉菌,以防为主。3 天喷一次 2% 来苏尔;3 天喷一次 0.25% 新洁尔灭溶液;3 天喷一次 0.2% 多菌灵溶液;3 天喷一次 0.1% 高锰酸钾水溶液;3 天喷一次 2% 甲醛溶液。如此交替使用消毒药剂,以防产生抗药性。⑤培养期间要多观察,发现问题后及时处理。空气湿度控制在 60%～65%,温度不得高于 30 ℃。特别注意当天夜里或第二天袋内原料发酵的温度;控制垛内温度在 28～30 ℃,若超过 37 ℃,必须通风降温,或倒垛散热。接种 13～15 天,若发现袋内料已全部或大部分发白,则说明已经感染青霉菌或其他霉菌。发现栽培块上有小斑点时,应立即用干净纱布擦去青霉菌菌落,再用 pH 10 的石灰水擦净,或用 0.1% 新洁尔灭溶液擦净。当菌筒、菌块或菌种袋中度污染,局部发生青霉菌时,可用 50% 多菌灵 200 倍液或 75% 甲基托布津药液注射或涂抹,0.15% 百菌清涂抹、0.1% 代森锌溶液注射或涂抹、10% 漂白粉溶液局部涂抹或 4%～5% 石灰水冲洗皆可。当严重污染,菌丝已钻入培养料内时,应将斑块挖掉,用 4%～5% 石灰水冲洗,再用同样的栽培种将洞补平压实,用胶布封好。对脱袋灵芝表面的青霉菌,可用苯菌灵或代森锌溶液喷洒防治。⑥做好芝房病虫害的管理工作,防止菌袋或畦床上的霉菌殃及芝体。⑦长芝时要注意防止害虫叮咬芝体。⑧连续下雨天气,畦床上方要有挡雨设施。⑨发生霉菌污染的病芝要及时摘除。采摘后芝场表面或出芝房要清理干净。

(2)褐腐病:子实体染病后生长停止。菌柄与菌盖发生褐变,不久就会腐烂,散发出恶臭味。

防治措施:①抓好产芝期芝房与芝床的通风和保湿管理工作,避免高温高湿。②严禁向畦床、子实体喷洒不清洁的水。③芝体采收后,菌床表面及出芝房要及时清理干净。④发生病害的芝体要及时摘除,减少褐腐病的危害。

(3)线虫:以幼虫刺取菌丝养分,也为其他病菌侵染创造条件,从而加速或诱发各种病害,致使培养基质变黑、发黏,菌丝萎缩或消失。

防治措施:①芝场选择排水条件好、土壤渗水强、积水少的地方,减少适合线虫生长的条件。②在芝场四周或地面喷洒 0.1% 敌百虫溶液,也可用浓石灰水或漂白粉水溶液进行喷雾。③保持畦床环境卫生,控制其他虫害的入侵,切断线虫的传播途径。

(4)螨类:螨类吸食灵芝菌丝,使菌丝发生萎缩、变色甚至消失,严重时培养料中的菌丝被全部吃光,造成栽培失败。当灵芝接种后,菌丝纵横吃料 2~3 cm 时,螨虫常大量发生,取食菌丝,破坏培养料,并具有群体危害、重叠成团的习性。螨虫还常为害子实体原基及幼蕾,引起子实体死亡,造成毁灭性损失。此外,螨类还是线虫和托兰氏假单胞杆菌等病虫害的主要传播者,从而引起子实体阶段多种病虫害的伴随发生,加剧对灵芝的严重危害。

防治措施:①畦床场地要选择远离仓库、饲料间、禽舍等的地方,杜绝虫源侵入。②菌丝培养期间,可将敌百虫粉撒在场地上,500 g 药粉可处理 20 ㎡ 培养场地,每 25~30 天处理一次。③菌袋发生螨害时,覆土前可用棉花蘸少许 50% 敌敌畏,塞入袋内进行熏杀,螨类危害严重的菌棒要及时予以废弃,以免螨虫大量繁殖。

(5)叶甲科害虫:幼虫取食菌丝,造成原基难以形成。成虫主要取食刚分化的原基及子实体的幼嫩部分,受害的子实体边缘凹凸不平,难以形成平滑边缘,降低商品价值。原基受害后出现凹凸不平的小圆坑,严重时不能分化形成正常的菌盖和菌柄,出现畸形,影响产量。

防治措施:可用氯氰菊酯 3000 倍液喷洒地面、墙壁及栽培场所周围 2 m 以内,关闭门窗 24 h 后通风换气即可。

(6)夜蛾:以幼虫取食菌盖背面或生长点的菌肉,形成隧道,并在虫口处布满褐色子实体粉末和虫粪,严重时整株子实体被蛀空。

防治措施:一般采取人工捕捉的方法,储藏期可用磷化铝熏蒸,每吨灵芝用药 3 片,密闭 5 天以上。应注意:进入熏蒸过的库房前必须先通气 1~2 天。

五、采收与产地加工

灵芝韧性强,基部与培养料结构也很紧密,不像其他菌类那样容易拔下,不注意还会从菌盖与菌柄处折断,降低等级。最好的办法是用尖嘴钳夹住灵芝基部并拔下,用剪刀去除杂质,马上晒干。若遇阴雨天,要及时烘烤。灵芝主要供药用,加工方式主要是干制。干透后立即装入无毒塑料袋中贮存,以免回潮变质。

第二节 茯苓的栽培技术

一、概述

茯苓为多孔菌科真菌茯苓 *Poria cocos*(Schw.)Wolf. 的干燥菌核,又名"云苓"

"茯灵""松薯""松苓"等,具有利水渗湿、健脾宁心等功效。茯苓主产于安徽、湖北、河南和云南,此外,贵州、四川、广西、福建、湖南、浙江、河北等地亦产。以云南所产品质较佳,安徽、湖北产量较大。

二、形态特证

茯苓为多年生真菌,由菌丝组成不规则块装菌核,表面呈瘤状皱缩,淡灰棕色或黑褐色。菌核大小不等,直径 10～30 cm 或更长。在同一块菌核内部,可能部分呈白色,部分呈淡红色,粉粒状。新鲜时质软,干后坚硬。子实体平伏产生于菌核表面,形如蜂窝,高 3～8 cm,初为白色,老后淡棕色,管口多角形,壁薄。孢子近圆柱形,有一歪尖,壁表平滑,透明无色。

三、生长习性

茯苓的适应能力强,野生茯苓分布较广,在海拔 50～2800 m 的地区均可生长,但以海拔 600～900 m 的地区分布较多。多生长在干燥、向阳、坡度 10°～35°、有松林分布的微酸性沙壤土层中,一般埋土深度为 50～80 cm。茯苓为兼性寄生真菌,其菌丝既能靠侵害活的树根生存,又能靠吸取死树的营养生存。喜寄生于松树的根部,依靠其菌丝在树根和树干中蔓延生长,分解、吸收松木养分和水分作为营养来源。茯苓为好气性真菌,只有在通气良好的情况下才能很好生长。

茯苓菌丝生长的适宜温度为 18～35 ℃,以 25～30 ℃生长最快且健壮,35 ℃以上菌丝容易老化,10 ℃以下生长十分缓慢,0 ℃以下处于休眠状态。子实体则在24～26 ℃时发育最迅速,并能产生大量孢子,当空气相对湿度为 70%～85%时,孢子大量散发。在 20 ℃以下的环境中,子实体生长受限制,孢子不能散发。对水分的要求是,以寄主(树根或木段)含水量为 50%～60%、土壤含水量为25%～30%时最好。

四、栽培技术

茯苓的栽培方式较多,用木段、树根和松针(松叶加上短枝条)栽培均可。目前生产区主要是利用茯苓菌丝为引子,接种到松木上,菌丝在松木中生长一段时期后,便结成菌核。

(一)选苓场和备料

1.选苓场　宜选择海拔 600～900 m 的山坡,坡度为 15°～30°,要求背风向阳、土质偏沙、土壤中性及微酸性、排水良好等。清除草根、树根、石块等杂物,然后顺坡挖窖,窖深 60～80 cm,窖长和窖宽根据木段多少及长短而定,一般长90 cm,窖间距为 20～30 cm。苓场四周开好排水沟。

2. 备料　于头年秋、冬季砍伐马尾松,砍后剃枝,并依松木大小将树皮相间纵削 3～10 条,俗称"剥皮留筋"。削面宽 3 cm,深入木质部 0.5 cm,使松木易于干燥并流出松脂。削好的松木就地架起,使其充分干燥,当松木断口停止排脂、敲打有清脆响声时,再锯成 65～80 cm 长的木段,置通风透光处备用。约至 6 月把木段排入窖内,每窖排三到数段,粗细搭配,分层放置,准备接种。

(二)菌种准备

菌种也叫引子,分为菌丝引、肉引和木引三种,现多用菌丝引。

1. 菌丝引　菌丝引是经人工纯培养的茯苓菌丝,菌丝母种用组织分离法获得。但最好用茯苓孢子制种,方法是将 8～9 kg 鲜菌核置于盛水容器上,离水约 2 cm,室温 24～26 ℃,空气湿度在 85% 以上,光线明亮,仅 1 天后菌核近水面就出现白色蜂窝状子实体。20 天后子实体可大量弹射孢子,此时即可进行无菌操作。切取干实体 1 cm^2,用 S 形铁丝钩吊挂在 PDA 培养基上,28 ℃培养。24 h 后,孢子萌发为白菌丝,经纯化培养即得母种。母种可用 PDA 培养基斜面扩大为原种。将原种再接到栽培种培养基上,在 25～28 ℃条件下培养 1 个月后,菌丝充满培养基各部,即得供接木段用的栽培种。栽培种培养基的成分及质量比例为:松木屑:麸皮:石膏粉:蔗糖=76:22:1:1,水适量,使含水量在 65% 左右。拌匀后装入广口瓶和聚丙烯塑料袋中,常规灭菌后接入原种。

2. 肉引　肉引为新鲜茯苓的切片。选用新挖的个体,中等大小,每个 250～1000 g,以浆汁足的茯苓为好。

3. 木引　木引指肉引接种的木料,即带有菌丝的木段。5 月上旬,选取质地泡松、直径 9～10 cm 的干松树,剥皮留筋后锯成 50 cm 长的木段。接种用新挖的鲜苓,一般 10 kg 木段的窖用鲜苓 0.5～0.7 kg。用头引法接种,即把苓种片贴在木段上端靠皮处,覆土 3 cm,至 8 月上旬就可挖出。选黄白色、筋皮下有明显菌丝、具茯苓香气者作木引种。

(三)接种与管理

1. 菌丝引接种　选晴天,将窖内中、细木段的上端削尖,然后将栽培种瓶或袋倒插在尖端。接种后及时覆土 3 cm。也可把栽培种从瓶中或袋中倒出,集中接在木段上端锯口处,加盖一层木片及树叶,覆土。

2. 肉引接种　根据木段粗细采取上二下三或上一下二分层放置。接种时用干净刀剖开冬种,将苓肉面紧贴木段,苓皮朝外,边接边剖。接种量另据地区、气候等条件而定,一般 50 kg 木段用 250～1000 kg 种苓。

3. 木引接种　将选作种用的木段挖出,锯成两节,一般窖用木引 1～2 节。接种时把木引和木段头对头接拢即可。接种季节随地区而异,气温高的地区 4 月上旬接种,气温低的地区则可于 5 月上旬至 6 月接种。接菌后 3～5 天菌丝萌发生长,蔓延开要 10 天。此期要特别防治白蚁为害。接种后 3～4 个月可结苓,结苓时不要撬动木段,以防折断菌丝。结苓期茯苓生长快,地面常出现裂缝,应及时填缝并除去杂草。

(四)病虫害防治

黑翅大白蚁:蛀食松木段,使之不长茯苓而严重减产。

防治方法:选苓场时避开蚁源;清除腐烂树根;冬地周围挖一道深 50 cm、宽 40 cm 的封闭环形防蚁沟,沟内撒石灰粉或将臭椿树埋于窖旁;引进白蚁的天敌蚀蚁菌;在苓场四周设诱蚁坑,埋入松木或蔗渣,诱白蚁入坑,每月查一次,见蚁就杀死。

五、采收与产地加工

当茯苓外皮呈黄褐色时即可采挖,如色黄白则未成熟,如发黑则已过熟。选晴天采挖,刷去泥沙,堆在室内分层排好,底层及面上各加一层稻草,使之发汗,每隔 3 天翻动一次。待水汽已干、苓皮起皱时可削去外皮,即为茯苓皮。里面切成厚薄均匀的块片,粉红色的为赤茯苓,白色的为茯苓片,中心有木心者即为茯神。也可不切片,待水分干后再晾晒干,即为个茯苓。

附录　禁限用农药名录

《农药管理条例》规定,农药生产应取得农药登记证和生产许可证,农药经营应取得经营许可证,农药使用应按照标签规定的使用范围、安全间隔期用药,不得超范围用药。剧毒、高毒农药不得用于防治卫生害虫,不得用于蔬菜、瓜果、茶叶、菌类、中草药材的生产,不得用于水生植物的病虫害防治。

一、禁止(停止)使用的农药(46种)

六六六、滴滴涕、毒杀芬、二溴氯丙烷、杀虫脒、二溴乙烷、除草醚、艾氏剂、狄氏剂、汞制剂、砷类、铅类、敌枯双、氟乙酰胺、甘氟、毒鼠强、氟乙酸钠、毒鼠硅、甲胺磷、对硫磷、甲基对硫磷、久效磷、磷胺、苯线磷、地虫硫磷、甲基硫环磷、磷化钙、磷化镁、磷化锌、硫线磷、蝇毒磷、治螟磷、特丁硫磷、氯磺隆、胺苯磺隆、甲磺隆、福美胂、福美甲胂、三氯杀螨醇、林丹、硫丹、溴甲烷、氟虫胺、杀扑磷、百草枯、2,4-滴丁酯。

注:氟虫胺自2020年1月1日起禁止使用。百草枯可溶胶剂自2020年9月26日起禁止使用。2,4-滴丁酯自2023年1月29日起禁止使用。溴甲烷可用于"检疫熏蒸处理"。杀扑磷已无制剂登记。

二、在部分范围禁止使用的农药(20种)

通用名	禁止使用范围
甲拌磷、甲基异柳磷、克百威、水胺硫磷、氧乐果、灭多威、涕灭威、灭线磷	禁止在蔬菜、瓜果、茶叶、菌类、中草药材上使用,禁止用于防治卫生害虫,禁止用于水生植物的病虫害防治
甲拌磷、甲基异柳磷、克百威	禁止在甘蔗作物上使用
内吸磷、硫环磷、氯唑磷	禁止在蔬菜、瓜果、茶叶、中草药材上使用
乙酰甲胺磷、丁硫克百威、乐果	禁止在蔬菜、瓜果、茶叶、菌类和中草药材上使用
毒死蜱、三唑磷	禁止在蔬菜上使用
丁酰肼(比久)	禁止在花生上使用
氰戊菊酯	禁止在茶叶上使用
氟虫腈	禁止在所有农作物上使用(玉米等部分旱田种子包衣除外)
氟苯虫酰胺	禁止在水稻上使用

参考文献

[1] 姚宗凡,黄英姿.常用中药种植技术[M].北京:金盾出版社,2000.

[2] 田义新.药用植物栽培学[M].北京:中国农业出版社,2011.

[3] 郭巧生.药用植物栽培学[M].北京:高等教育出版社,2009.

[4] 刘汉珍.中草药栽培实用技术[M].合肥:安徽大学出版社,2014.